SUSANNE SCHABER | HERBERT RAFFALT

ALMEN IN ÖSTERREICH

SUSANNE SCHABER | HERBERT RAFFALT

Almen in Österreich

Von Menschen und Tieren, vom Gestern und Heute

TYROLIA-VERLAG · INNSBRUCK-WIEN

Inhalt

Vorwort

Hier möchte man Kuh sein. Eine saftige Weide, Tautropfen auf den Gräsern und Kräutern. Nichts zu hören, nur das Bimmeln der Glocken, Melodien in Dur und Moll. Hinter den Legföhren ziehen die Felsen in die Gipfelregionen hinauf. Und über allem der Himmel, viel näher als anderswo. Gibt's einen schöneren Platz für die Sommerfrische? Und wenn man schon nicht Rind, Pferd oder Schaf sein kann an einem Ort wie diesem, dann vielleicht Hirtin oder Hirte oder auch Sennerin?

Fliegen umkreisen die Kuhfladen, die wie Wegmarken auf den Wiesen liegen. Bis in der Ferne eine Almhütte aus dem satten Grün auftaucht. Ein Dach, mit Schieferplatten oder Schindeln gedeckt und von Brettern und Steinen beschwert. Massive Balken beschirmen ein paar Quadratmeter Glück. Die Stube mit der offenen Feuerstelle, die Eckbank und der alte Tisch, das kleine Zimmer mit dem Bett, Polster und Tuchent mit karierter oder gestreifter Bettwäsche bezogen. Vor den Fenstern blühen Geranien in sattem Rot. Unter dem Vordach, neben der Türe, türmt sich ein Holzstapel. Ein paar Schritte weiter der Stall mit den Hühnern, daneben ein kühler Verschlag, wo ein paar Laibe Käse lagern, dazu die Butter, Molke und etwas Rahm. Im Herd prasselt das Feuer, in der Pfanne glosen Eier und Speck, am Tisch wartet ein Glas Milch.

So könnte es sein. Almen sind Sehnsuchtsorte. Projektionsflächen für so manche Schwärmerei: die Unbeschwertheit unter freiem Himmel, das einträchtige Zusammenleben mit den Tieren, die selbstproduzierten Nahrungsmittel, das langsame Dahinziehen der Zeit, die Stille. Oder anders gesagt: die Rückkehr des Menschen zu seinen Wurzeln, zum Wesen seiner selbst. Bei Kerzenschein lässt sich's leicht träumen. Das Tageslicht bremst die Höhenflüge der Phantasie und führt uns auf den Boden der Tatsachen zurück. Dreizehn Prozent des österreichischen Staatsgebietes sind von insgesamt ca. 8700 Almen bedeckt. Jeden Sommer grasen dort etwa 460.000 Rinder, Schafe und Ziegen, manchmal auch Pferde und Schweine, beaufsichtigt von etwas mehr als 7000 Hirtinnen und Hirten.

Soweit die Zahlen. Dahinter steckt das Wissen um vieler Hände Arbeit. Die hochalpinen Weideflächen wurden über die Jahrhunderte dem Dickicht abgerungen, der Wildwuchs musste beharrlich gebändigt werden. Im Laufe der Jahrhunderte wanderte die Baumgrenze nach unten, die Größe der Höfe wuchs und damit die Zahl der Personen, die man zu versorgen hatte. Während man auf den tiefergelegenen Feldern das Futter für die Herbst- und Wintermonate einbrachte und die Äcker und Gärten bestellte, schickte man Hirten und Sennerinnen mit dem Vieh bergwärts. Dort produzierten sie Butter, Käse und Topfen, die man zu den Höfen talwärts schleppte, um die Vorratskammern zu füllen.

Der Alltag war hart, die Gefahr ein ständiger Begleiter: ein Gewitter, ein plötzlicher Wintereinbruch, Krankheit. Noch schlimmer – Tiere, die auf Felskanten ausrutschen und abstürzen: Den Tücken des Geländes und den Launen der Natur war man ausgeliefert. Dazu die Sorge, vollends auf sich allein gestellt zu sein bei allem, was passiert. Davor konnte einem bang sein – und doch auch wieder nicht. Unter den Gipfelgraten und zwischen den Felsen war man weit entfernt von den Blicken der Kirche und Obrigkeit und den Direktiven der Bauern und Bäuerinnen. Ein paar Wochen des selbstbestimmten Tuns: Hier oben blieb man seine eigene Herrin, sein eigener Herr.

Auf der Alm, da gibt's koa Sünd': Sagen und Gstanzln nähren die Vorstellungen von den Freiheiten abseits der Dörfer und Siedlungen. Das meiste davon ist inzwischen Geschichte und nicht mehr als – mitunter verklärte – Reminiszenz. Ein Gutteil der Hütten ist über Forststraßen und mit Autos, Traktoren oder Jeeps zu erreichen, man hat Handyempfang, Strom, einen Kühlschrank und regelmäßigen Besuch. Und weiterhin jede Menge Arbeit. Doch zugleich die Freude, für eine Weile in einem vollends anderen Rhythmus aufzugehen.

Unser Buch setzt sich dem Almleben von heute auf die Spur. Es sucht die Begegnung mit den Menschen und erkundet ihr Tagwerk aus mehreren Perspektiven. Die Gespräche mit dem Dichter und Hirten, dem Bauern, der Kräuterpädagogin oder dem Volkskundler lassen erahnen, welche Bedeutung diese selten gewordenen Rückzugsgebiete für uns haben (sollten). Almen sind feinnervige Sensoren für das ökologische Gleichgewicht, sie sichern die Diversität von Flora und Fauna, sie schützen vor Naturkatastrophen wie Hangrutschungen und Lawinen und sorgen für natürlich hergestellte Milch- und Fleischprodukte. Auf diese Weise sind sie zum einen wesentlicher und immer wichtigerer Bestandteil des Tourismus und zum anderen durch diesen auch gefährdet.

Alm, Alpe oder *Schwaig, Vorsäß, Kaser* oder *Aste*. Die Namen spiegeln die Vielfalt und Farbigkeit der Regionen, Sprachen und Kulturen: von Vorarlberg bis in die niederösterreichischen Voralpen, vom Norden Tirols bis in den Süden Kärntens und an die Grenzen zu Italien und Slowenien. Sie erzählen vom Reichtum der lokalen Traditionen, von Bräuchen jenseits der Klischees und einem historischen Erbe, das zu verschwinden droht. Almen sind Teil unserer Identität. Hier möchte man ankern und für eine Weile heraussteigen aus einem Alltag, der unsere inneren Spielräume immer weiter beschränkt. Und wer weiß – vielleicht biegt dann sogar ein Stückchen Glück um die Felsenecke. So man es sieht und zu fassen bekommt. Und dabei nicht gleich in einem Kuhfladen landet.

Über die Wiese zum Stein

Zu Besuch beim Dichter und Hirten Bodo Hell

[….] es bleibt kein Fußabdruck zurück, auf
festem Fels, in einsiedlerischer
Abgeschiedenheit […]

Bodo Hell, 666

Büttel, hüttel, knüttel. Rote Lettern auf einem verwitterten Holzschild. Ein Wegweiser mit geheimer Botschaft? Könnte schon sein. Gerade erst hat man den Starnsattel hinter sich gelassen, einen knapp zweitausend Meter hohen Übergang auf dem Weg zum Dachsteinplateau. Die Augen ziehen über eine Senke, viel Wald, dazwischen prallgrüne Wiesen und zwei dunkle Seen, wie Findlinge in der Einsamkeit gestrandet. Kein Mensch zu sehen, nur ein paar Kühe, die sich auf der Suche nach Gräsern und Kräutern in den Fels vorwagen. Der Steig mit der Nummer 666 läuft abwärts. Und plötzlich diese seltsame Tafel, und direkt daneben ein Haufen wild aufeinander geworfene Äste. Ein Stück weiter unten eine kleine Hütte. Vor der Tür, unter dem Vordach, türmt sich ein Holzstapel.

Auf der Grafenbergalm, in der Abgeschiedenheit zwischen Dachstein und Stoderzinken, verbringt der Schriftsteller Bodo Hell seit bald vierzig Jahren seine Sommer. Gut zehn Wochen lang, je nach Witterung mehr oder weniger, arbeitet er dort als Hirte, ehe er im September nach Wien zurückkehrt. *Büttel, hüttel, knüttel*, das ist des Dichters Bitte an die Wanderer, ihm einige der Äste zur Hütte zu tragen. Er hat gerade erst „geschwendet", wie die Almbauern sagen: Wer die Wiesen nicht regelmäßig von Bäumen und Büschen freischlägt, der riskiert, dass die Weideflächen schrumpfen und zum Dickicht werden. Und das will keiner.

Bei Bodo Hell brennt Feuer im Herd. Es ist kalt, Regen peitscht aufs Dach. Zum Glück – wäre das Wetter anders, hätten wir ihn wohl nicht in seiner Almhütte angetroffen, dann ist er fast immer bei seinem Vieh. Jetzt aber steht der Tee am Tisch, dazu Ziegenkäse und ein paar Scheiben schon recht trockenes Schwarzbrot. Eine Handvoll Scheite landet im Ofen. Bodo Hells Augen blitzen. Der Schalk sitzt ihm im Nacken, die Lust am Formulieren, an den

Oben: So wie eh und je wird die Grafenbergalm auch heute noch zu Fuß oder mit Pferden versorgt.

Rechts: Die kleinen Hütten der Grafenbergalm aus der Vogelperspektive

Seite 8: Bodo Hell lässt sich jeden Sommer mit vollem Herzen aufs Almleben ein.

Seite 12/13: Bodo Hells wachsame Augen wandern über die Hochflächen seiner Alm.

Über die Wiese zum Stein

Zu Besuch beim Dichter und Hirten Bodo Hell

Verästelungen der Sätze und dem Hintersinn der Wörter. Was treibt einen wie ihn, der sich so behände durch die Landstriche der Literatur bewegt, in die Einsamkeit einer Hochalm und in den harten Alltag des Hirten? Einen Autor, der viel reist und seine Texte vorträgt wie kein Zweiter, der sich regelmäßig mit Malern und Musikern zusammentut und unverwechselbare Kunstwerke geschaffen hat?

Bodo Hell holt etwas aus. Schon mit seinen Eltern war er regelmäßig in den Bergen: Wenn man in Salzburg wohnt, liegt das nahe. In den 1970er-Jahren, da lebt er schon in Wien, zieht es ihn zu den Erinnerungen seiner Kindheit zurück. Anfangs verbringt er die Sommermonate als Gast auf einer unbewirtschafteten Alm im Königreich, einem Landstrich im nordöstlichen Dachsteingebiet. Von dort aus schaut er hinüber Richtung Kufstein und Miesberg. Auf einem seiner Streifzüge entdeckt er die Grafenbergalm. Sie hat's ihm sofort angetan: ein paar Holzhäuschen, saftige Weiden rundum, zwei Seen. Einer der schönsten Flecken dieser Gegend, dazu noch einer der fruchtbarsten. An einem Ort wie diesem könnte man's gut und gerne aushalten. Doch Bodo Hell steht mit beiden Beinen am Boden und denkt über derlei Tagträume nicht länger nach.

Und dann biegt der Zufall um die Ecke. Einige Zeit später hört er, dass man auf der Grafenbergalm wieder einen Hirten sucht. Dem alten Senn musste ein Bein abgenommen werden, und es gab wechselnde Nachfolger. Nun will man es wieder dauerhafter mit einem Halter probieren. Einer der Ramsauer Bauern, denen die Alm gehört, kennt Bodo Hell und fragt ihn – und der sagt sofort zu.

Ende Juni 1979 steigt er zum ersten Mal zu seinem neuen Arbeitsplatz auf. Eine der drei Hütten wird fortan sein Zuhause. Der Schlüssel sucht das Schloss, die Türe springt auf: ein Raum, etwa zwölf Quadratmeter groß, der Tisch, die Eckbank, der mit Holz zu befeuernde Herd, die Abwasch. Wasser holt man sich aus einer Quelle, die einen zehnminütigen Fußmarsch entfernt liegt, Kanister stehen bereit. Es gibt einen Vorrat an Kerzen und dazu Petroleumlampen. Am Fußboden eine versteckte Luke, darunter ein kühler Verschlag, der improvisierte Kühlschrank. Mitten im Raum führt eine Hühnerleiter unters Dach, hinauf zum Schlaflager. Mehr ist da nicht.

Links: Besuch ist eher selten. Wenn jemand kommt, gibt's Neuigkeiten aus dem Tal.

Oben: Vor vielen Jahren hat Bodo Hell die Käseerzeugung auf der Alm wieder aufleben lassen.

Seite 16/17: Bodo Hell hat eine enge Verbindung zu seinen Ziegen.

Oben und rechts: Zum Schreiben bleibt selten Zeit. Die Alm erfordert alle Aufmerksamkeit und Zuwendung. Doch das Almleben ist aus dem des Schriftstellers nicht mehr wegzudenken und beeinflusst seine Texte und Erzählungen.

Seite 20: Bodo nach der Almsaison bei einer gut besuchten Lesung im Schwabenstall.

Direkt neben der Hütte duckt sich ein Stall, im 18. oder 19. Jahrhundert erbaut, wie Hell vermutet, die Decken sind niedrig, aber massiv. Gleich beim Eingang ist ein Drudenfuß ins Holz geschnitzt: auf dass die Dämonen und Geister draußen bleiben. Teile eines Zaunes lehnen an den Wänden. Man hat sie vor dem Winter in Sicherheit gebracht, hier oben kann sich der Schnee türmen. Bodo Hell holt seine Habseligkeiten aus dem Rucksack. Er baut den Zaun wieder auf und begrenzt damit ein Wiesenstück rund ums Haus: sein Königreich. Jetzt sollen die Untertanen kommen, die Kalbinnen und Kälber, Ochsen und Pferde der sechzehn Bauern, denen die Alm gehört. Tag für Tag eine neue Abordnung, die über den Starnsattel dahertrottet und ihr Sommerquartier inspiziert. Bis schließlich alle da sind.

Das Tagwerk beginnt. Bodo Hell hat noch einiges zu lernen. Mit Rindern hat er wenig Erfahrung. „Die Bauern sagen ja so: Im ersten Jahr geht der Hüter mit dem Stecken, im zweiten zieht er ihn nach und im dritten hat er ihn nicht mehr dabei." Eine harte Schule. Bodo Hell macht sich vertraut mit dem Terrain. Das Gebiet ist riesig, 1300 Hektar groß. Es gilt, das Gelände zu erkunden. Sein Vorgänger hat ihm die Wege und Plätze gezeigt, die das Vieh einschlägt, um zu Wasser und saftigen Weiden zu gelangen. Bodo Hell hat alles fotografiert, um sich besser orientieren zu können. Doch das bringt nicht viel: Er staunt, wie schwer es ist, sich zurechtzufinden. Als Erstes muss er die Rinder kennenlernen. Zu jener Zeit sind ihre Ohren noch nicht mit Nummern versehen. Also versucht er, sich ihre Physiognomien einzuprägen, um sie auseinanderzuhalten, und macht sich dazu Notizen. Umgekehrt identifizieren ihn die Tiere an der Stimme. „Wenn ich den Regenmantel anhabe, da schauen sie ganz komisch, aber wenn sie mich hören, sind sie sofort da."

Zwischen achtzig und hundertzehn Rinder sind hier Jahr für Jahr, dazu ein paar Pferde. Hauptaufgabe des Hirten ist es, sie mit Salz und Kleie zu versorgen und aufzupassen, dass sie sich nicht im Unwegsamen verlieren: Ein Stück westlich von der Grafenbergalm erstreckt sich eine karstige Hochfläche. Am Stein heißt sie und kann einen das Fürchten lehren. Wer sich dort verirrt, droht sich in diesem labyrinthischen Gelände zu verlieren. Besser, man behält die Rinder und Pferde im Blick. „[...] man lässt sie ziehen, man zählt die 9, die 12, die 13 ab", liest man in *666*, einer von Bodo

Über die Wiese zum Stein

Zu Besuch beim Dichter und Hirten Bodo Hell

Hells Erzählungen, „man ruft, streut Salz und streichelt, spricht freundlich auf die Kalben ein, die Herde führt, im Abseits ihr geheimes Leben, die kennen Winkel, Ecken, Mulden, Wasserlöcher, molchbesetzt, von kaum jemandem sonst besucht, gesehen, betreten […]".

Zählen, immer wieder zählen: Ist die Herde vollzählig, ist jemand ausgerissen? Wenn die Kühe stierig sind, alle einundzwanzig Tage also, hauen sie gern ab. Da kann es dauern, ehe man sie wieder aufspürt. Bodo Hell lernt, in den Hufabdrücken und Kuhfladen zu lesen und abgefressene Wiesenflecken oder niedergetretene Büsche richtig zu deuten. Die Wege werden oft lang. „Ich bin damals oft zu früh aufgestanden, bin schon um vier Uhr früh losgezogen, um das Vieh zu suchen, und häufig an ihm vorbeigegangen: Wenn die Rinder liegen, hört man keine Glocken."

Das sollte man wissen. Etliche der Bauern beäugen den ungewöhnlichen Halter: Würde er sich hineinfinden in diese Herausforderungen? Es geht schließlich um ihr Vieh, und damit auch um ihre Existenzgrundlage. Da braucht es schon jemanden, dem man vertraut. Die meisten von ihnen geben sich abwartend-gelassen, allein einer zögert, die Verantwortung über seine Kälber in die Hand eines Städters zu legen. Doch er lässt sich belehren. Als im September alle Tiere zurück in ihren Ställen sind, weiß Bodo Hell, dass er es nun geschafft hat. Er soll bleiben, entscheiden die Bauern, und schicken ihren Hirten in den Winter und in die Ruhepause.

Dort überlegt sich Bodo Hell, wie es weitergehen soll. Früher einmal, als noch Sennerinnen auf der Grafenbergalm waren, wurde dort Milchwirtschaft betrieben. Daran möchte er anknüpfen. „Ich will ja nicht auf einer Alm leben, wo eine Sage von der Butter- und Käseerzeugung berichtet, und ich mache nichts mit Milch", meint er.

Es habe da ehedem, so erzählt man sich, drei Sennerinnen gegeben, die bei der nahegelegenen Quelle ein Männchen sitzen sahen. Sie fingen es ein und ließen es erst frei, als der komische Kauz ihnen erklärt hatte, wie man den Steirerkas herstellt. Kurz darauf saß er wieder an der Quelle: Jetzt zeigte er den Frauen, wie man aus der Milch, die man nicht mehr verarbeitet, den „Schotten" herstellt, eine Art Topfen. Tags darauf hockte er neuerlich am Wasser, diesmal auf der anderen Seite: „Wenn ihr mich nicht freigelassen hättet", so grinste er, „dann hätte ich euch noch verraten, was man mit der Molke alles machen kann." Diese Chance ist verpasst, die Molke muss bleiben, was sie ist: Futter für die Schweine.

Eine Alm ohne Käse ist auch für Bodo Hell nichts Rechtes. Er denkt an Ziegen und hört sich um: Im Ennstal treibt er damals, Ende der 1970er-Jahre, gerade einmal eine einzige Geiß auf. Die holt er sich und macht vorher noch einen Kurs in der Landwirtschaftlichen Lehranstalt im Tiroler Rotholz. Nach drei Tagen kennt er die Abläufe der Produktion und wirft sich in die Praxis. Seither steht Ziegenkäse mit auf dem Speiseplan.

In der Folge begleiten ihn vier bis fünf Ziegen auf die Alm, zusammen mit drei Hühnern. Für Eier und Milch ist gesorgt. Ins Tal, jedes Mal ein mehr als dreistündiger Fußmarsch, kommt er selten. Ab und zu steigen Freunde herauf und versorgen ihn mit Brot, Gemüse und Obst. Der Burgstaller-Hof unten in Rössing, einem Ortsteil der Ramsau, wird zu seiner Basisstation: Hier lagert seine Post, hier erfragt man, was Bodo Hell gerade braucht. Die meisten Wanderer wissen, dass sie bei ihm nicht verköstigt werden. In der Nähe der Grafenbergalm treffen sich sechs Steige. Doch wer in dieser Einsamkeit unterwegs ist, hat ohnehin seinen eigenen Proviant mit dabei.

Für einen Ausschank oder eine Bewirtung hat Bodo Hell keine Zeit. Je nach Sonnenaufgang beginnt er schon vor sechs Uhr mit dem Melken der Ziegen. Nach dem Frühstück zieht er los, um nach den Tieren zu schauen. Das dauert Stunden. Erst gegen drei Uhr nachmittags kehrt er zurück. Ab und zu geht sich jetzt eine kurze Runde Schlaf aus, ehe die Holzarbeit dran ist. Auf fast 1800 Metern Höhe kann es nachts oder bei Schlechtwetter empfindlich kalt werden, da fällt die Temperatur auch im Sommer ganz selbstverständlich auf acht Grad und tiefer. Das muss man bedenken und gerüstet sein. *Büttel, hüttel, knüttel.* Das Schild spricht Bände. Dann ein Besuch bei den Pferden, die sich über eine Handvoll trockenes Brot freuen, ehe die Ziegen nochmals gemolken werden. Nach dem Essen wartet das Käsen, zumindest an jedem zweiten Abend. Vor zehn ist an Nachtruhe nicht zu denken, meist wird es später.

So nicht das Wetter die Routine auf den Kopf stellt. Wenn es zuschneit, müssen Ziegen und Hühner schleunigst in den Stall. Für die Rinder ist es dort zu eng. Sie werden unruhig, wenn ihnen

Über die Wiese zum Stein

Zu Besuch beim Dichter und Hirten Bodo Hell

kalt ist. Also treibt man sie zu tiefergelegenen Weiden. Dort herrscht das alte Gesetz der Schneeflucht, das den Hirten erlaubt, ihr Vieh auf fremdem Boden grasen zu lassen.

Solche Wetterumschwünge können auch Bodo Hell an den Rand seiner Kräfte bringen. Meist dauert es zu lange, ehe Hilfe aus dem Tal heraufkommt, wenn überhaupt: Die Bauern haben genug auf ihren Höfen zu tun. Wenn es in der Ramsau regnet, schauen sie nur schnell hinauf Richtung Dachstein und Guttenberghaus, um die Schneefallgrenze abzuschätzen, und hoffen, dass es auf der Grafenbergalm nicht gar so schlimm wird. Vor allem aber verlassen sie sich darauf, dass ihr Halter auch noch mit Stirnlampe ausrückt, um versprengte Tiere heimzuholen.

Gut tausend Kilometer wandert Bodo Hell in einer Saison, hat er sich ausgerechnet, auf unwegsamen Steigen, mit täglichen Höhenunterschieden von bis zu fünfhundert Metern. Wenn es dazu noch regnet, gewittert oder gar schneit, ist das Tagwerk erschöpfend. Seine Wetterfühligkeit hat zugenommen, die Müdigkeit legt sich schwer in die Beine. Und überhaupt: Man sollte auf sich aufpassen. Er habe da ein merkwürdiges Phänomen an sich selbst beobachtet, erklärt Bodo Hell. „Hast du negative Gedanken, ist das Stolpern sehr nah. Als ob sie den selbstverständlichen Ablauf des Gehens stören würden. Wenn ich in meinem Rhythmus bleibe, ist es gut."

Wenn Bodo Hell dem Vieh nachsteigt, ist er allein. Inzwischen hat er ein Handy dabei. Der Empfang ist schlecht, es gibt nur wenige Plätze, von wo aus die Verbindung zur Welt funktioniert. Besser man achtet auf jeden Tritt. „Mir ist zum Glück noch nie etwas passiert. Einmal habe ich mir beim Holzen in den Fuß gehackt, aber da war ich selbst schuld." Seither trägt er selbst bei ganz alltäglichen Verrichtungen feste Schuhe.

Arzt und Veterinär sind einen Fußmarsch entfernt. Klauenkrankheiten können epidemisch werden. Tiroler Steinöl oder antibiotische Spritzen helfen, beides hat er vorrätig. Ein bis zwei Tiere verliert Bodo Hell jedes Jahr, die meisten von ihnen durch Absturz. Sie müssen geborgen und ausgeflogen werden. „Einmal ist ein Ochse verschwunden", erinnert er sich, „den habe ich fünf Tage lang gesucht, ehe ich ihn in einer Grube aufgespürt habe. Da war kein Wasser drin, kein Licht, nichts. Die Bauern, die ich alarmiert habe, waren schnell da: Wir haben ihn mit Seilen und

Links: Am Ende der Almsaison wird es stiller auf der Grafenbergalm.

Oben: Bodo Hell kümmert sich nicht nur um das leibliche Wohl der Tiere, sondern ist auch zur Stelle, wenn diese krank werden oder sich verletzen.

Flaschenzug herausgezogen, unverletzt. Und dann bricht das Auge. „Die anstrengende Aktion war wohl zu viel für sein Herz, das Glück über das Gerettetsein, das Adrenalin. Das war schlimm für uns, da haben sich alle betreten wegbewegt." Solche Momente bringen Bodo Hell zum Schweigen.

Ein paar Sätze in das kleine schwarze Notizbuch, das in seinem Hosensack steckt, das ist auch zwischendurch möglich. Zum wirklichen Schreiben fehlt die innere Ruhe. „Ich bräuchte ein Zeitpolster, zumindest einmal drei oder vier freie Stunden. Den habe ich in diesen Wochen einfach nicht." Aber natürlich wäre aus ihm ein anderer Schriftsteller geworden ohne das Erlebnis der Alm. „Meine Stoffe wären andere. Ich habe immer schon stark faktenbezogen gearbeitet, hier oben ist schon eine neue Form von Lexikon dazugekommen." Das Buch *Herbe Garbe, Weiberkittel – Von Heiligen, Pflanzen und Substanzen*, das er zusammen mit befreundeten Künstlern herausgebracht hat, ist einer der Bände, den er den Bergsommern verdankt. Mit Kräutern hat er genügend Selbstversuche unternommen. „Einmal hat mir eine Sennerin, die Seferl, gesagt, dass ich zu Beginn der Saison ein Blatt der Meisterwurz in ein Butterbrot legen soll, dann würde mir nie der Appetit fehlen. Die Ziegen fressen das ja auch so gern, das duftet gut. Also habe ich das im Herbst in der Nationalbibliothek bei Albertus Magnus nachgeschlagen. Und was finde ich da? Reinigt den Frauen die Mutter und bringt müde Männer aufs Pferd. 13. Jahrhundert und aus dem Mund eines Priesters."

Wenn Bodo Hell spricht, sprudelt es nur so aus ihm heraus. Am Schreibtisch wägt er jedes seiner Worte ab, da wird der Wildwuchs gebändigt und in eine Form gebracht. Seine Erzählungen und Essays sind subtil und präzise in der Luzidität der Sprache, auch im hinterlistigen Witz. Vieles bleibt in der Andeutung und steckt in den Leerräumen zwischen den Wörtern und Zeilen. Dass sich hinter dem Titel einer seiner Erzählungen der Weg Nr. 666 verbirgt, der von der Ramsau zur Grafenbergalm heraufläuft, muss man wissen. „[…] Trittsiegel, Denkfigur, Gedankengang, Knochenarbeit, der ist nicht neu, man hat in diesen Kuh fladen schon letztes Mal hineingestochen, mit dem Stegelstecken, so geht es schon: auf und davon, oft und oft kommt und kommt man nicht und nicht weg und weg, und jetzt wieder den Faden Faden verloren, alles liegen und stehen gelassen, ich brauche die tägliche Bewegung für die Seele, aha: jetzt sind wir da, angekommen […]".

Angekommen andernorts. Wo man allein ist und auf die vierzehn *Nothelfer* setzen sollte. Diesen Titel hat Bodo Hell einem seiner jüngsten Bücher gegeben. Blasius, Christophorus, Katharina, Dionysius, Achatius: bewährter Beistand für Mensch und Tier, bei Todesangst, Tollwut und Zahnschmerzen, im Gewitter und bei Leiden der Zungen oder der Sorge um Sprachlosigkeit. Sie kann man anrufen. Oder aber man sagt die Namen der Rinder vor sich hin, die Exerzitien des Hirten: Savannah, Chili, Jerseygirl; Sally, Nelly und Leonardo; Adam, Lenny, Hidalgo und Valentino.

Führt man hier oben Selbstgespräche? Bodo Hell lacht. Er fühlt sich nicht einsam. Ab und zu und an Regentagen, wenn man im Tal kein Heu einbringt, steigen die Bauern herauf, um nach dem Vieh zu sehen. Da erfährt Bodo Hell, was sich so alles tut unten im Dorf. Seit die Jungen die Jagd wiederentdeckt und für ihre Ausflüge die Almhütte ausgebaut haben, kommen auch sie. Inzwischen gibt es eine Wasserleitung und eine Dusche: „Ich hätte die ja nicht gebraucht, mir hätte der See unterhalb der Hütte gereicht", so Bodo Hell. Über das Wildbret, das ab und zu in seiner Bratenreine schmurgelt, freut er sich, auch über die Gesellschaft, das Zusammensitzen bis in die Nacht.

„Ein Danke für 10 Jahre Hüterarbeit auf der Grafenbergalm 1979 bis 89: die Almbauern." Und: „Ehrenurkunde des steirischen Almwirtschaftsvereins für besondere Verdienste um die Almwirtschaft." In der Hütte hängen die Urkunden. Inzwischen geht Bodo Hell, der im März 2013 siebzig geworden ist, auf die vierzigste Saison als Hirte zu. Ein Sommer in der Stadt? Nicht mehr vorstellbar. Früher seien die Sennerinnen im Frühling unruhig geworden, erzählt man sich, und hätten voller Ungeduld auf die Alm gedrängt: für sie eine Zeit der Freiheit und Selbständigkeit und vor allem auch der eigenen Kammer, die man am Hof mit den anderen Mägden zu teilen hatte.

Auch Bodo Hell kennt die Wochen, in denen seine Gedanken immer häufiger auf der Grafenbergalm landen. Schon im Winter überlegt er sich, was es anzuschaffen oder nachzukaufen gilt: eine neue Axt, am besten eine aus dem Stubaital, das Lederfett von Gutra aus Dorschtran und Gummiöl – „macht Wander- und Arbeitsschuhe wasserdicht, weich und haltbar" – oder bessere Gerätschaften fürs Käsen. Schon Wochen vor dem Almauftrieb in den Tagen rund um die Sonnenwende wird er unruhig. Der Großstadtlärm und die oberflächlichen Gespräche sind ihm lästig, die Pflichten am Schreibtisch mühselig. Der Körper strafft sich. Nichts wie weg. Zehn Wochen Höhenluft: ein richtiger Jungbrunnen, wie Bodo Hell befindet. Um sich im selben Atemzug gegen Klischees zu wehren: Diese sentimentale Sehnsucht nach der Alm, das hat nichts mit der Realität zu tun. „Gar nichts. Arbeit ist das." Punktum.

Ferien zu machen an einem Platz wie diesem? Undenkbar. Bodo Hell hat es probiert. Einmal ist er nach dem Almabtrieb nochmals heraufgestiegen und hat gestaunt, wie unwohl er sich gefühlt hat. Sind die Tiere im Tal, hat auch der Mensch hier oben nichts mehr verloren, so seine Erfahrung. Besser, man verlässt die Hütte zusammen mit dem Vieh. Da sind die Zäune abgebaut, die Läden geschlossen und die Türe verriegelt. Nun gehört die Grafenbergalm nur mehr sich selbst – „die glockenlose unheimlich hellhörige Zeit auf den braunfrostigen Fluren beginnt, während die vielen Fußstapfen des vergangenen Almsommers langsam ausfransen und sich Wege und Triften unter den abgefallenen sperrigen Zirben und fülligen Lärchennadeln wieder glätten, bis Hirsch- und Gamsbrunft und dann Hahnenbalz über den nicht enden wollenden Winter ins gewisslich nächste Almfrühjahr hinüberleiten".

IT 021

Hooo-hoi, leck leck

Mit den Schafen übers Joch: Sommerfrische im Ötztal

Zuerst waren da die Gämsen und Steinböcke,
gefolgt von den Schafen.
Ihnen ist der Mensch hinterhergewandert.

Hans Haid

Es wird Zeit. Die Hirtinnen und Hirten aus dem Schnalstal beobachten die Wolken. Hält das Wetter? Hauptsache, es sind keine Niederschläge in Sicht, auch ein Temperatursturz würde alle Pläne durchkreuzen. Was also sagen die Knochen? Oder vertraut man doch besser dem Wetterbericht? An sich sollte die Passage über felsige Steige, Firnfelder und Gletscher schon möglich sein, das Gelände wurde sondiert. Es gibt genügend Lawinenbrücken, um über die Bäche zu kommen. Wo der Schnee zu hoch liegt, hat man Spurrinnen freigeschaufelt. Doch selbst solch umsichtige Vorbereitungen können schnell ins Leere laufen. Ein Gewitter reicht, und schon sind Hirten und Herden in Gefahr. Schlechtwettereinbrüche sind oft genug fatal ausgegangen. Besser, man schickt noch ein paar Stoßgebete gen Himmel, ehe man startet.

Der Schaftrieb vom Schnalstal hinüber ins Ötztal ist in Tirol einer der Höhepunkte des bäuerlichen Jahreslaufs. Mitte Juni steht eine Handvoll Hirten und Schäferinnen und Schäfer bereit, um dreitausendfünfhundert Schafe über die Pässe zu bringen. Mit ihnen versammeln sich vierzig, manchmal auch fünfzig Helfer. Auf zwei Routen, beide über vierzig Kilometer lang, zieht man auf die Weiden oberhalb von Vent: Die eine führt von Vernagt über das Niederjoch, die Similaunhütte und den Niederjochferner hinunter zur Martin-Busch-Hütte und weiter zu den Almwiesen des Niedertals. Die andere läuft übers Hochjoch und die Schöne-Aussicht-Hütte ins Rofental. Wege mit Anstiegen von bis zu 1300 Metern, mit der Gefahr von Steinschlag und Lawinen.

Die Schafe kennen die Strecke, Hans Haid weiß das. Der gebürtige Längenfelder ist einer der arriviertesten Volkskundler

Seite 28: Die Kamera übt eine große Faszination auf die beiden Tiroler Paarhufer aus.

Seite 30/31: Die Bergsteiger-Kapelle auf der Kaser oberhalb von Vent

Oben: Südlich von Vent trifft der Wanderer auf den sogenannten „Hohlen Stein". Der überhängende Steinbrocken diente steinzeitlichen Jägern und Hirten in der Zeit zwischen dem 8. und 4. Jahrtausend vor Christus als Schutz vor Wind und Wetter.

Darunter: Auf dem Weg durchs Niedertal passiert man gleich mehrere Steinsetzungen.

Tirols, Sachbuchautor, Romancier und Mundartdichter. „Zuerst waren da die Gämsen und Steinböcke, gefolgt von den Schafen. Ihnen ist der Mensch hinterhergewandert." Schafe zählen zu den ältesten Haustieren, von denen wir wissen. Schritt für Schritt haben sie die Pfade durchs Gebirge freigetrampelt: vom Passeier übers Timmelsjoch auf die Gurgler Almen, vom Südtiroler Ahrntal hinüber ins Krimmler Achental, vom Tauferer Reintal auf die Osttiroler Jagdhausalm.

Auch die Passage über die Joche oberhalb von Vent geht auf die Schafe und das Wild zurück. Das hintere Ötztal wurde von Südtirol aus besiedelt, die Bewohner der Hochtäler fühlten sich einander eng verbunden, meist in Freundschaft, nur hin und wieder brandete Streit auf. Einer der wichtigsten Verträge zwischen den Venter und Schnalser Bauern ist mit 1415 datiert. „Durch weltewige Zeiten" und für immer solle es gelten, liest man darin: keine Unstimmigkeiten mehr, keine Händel und Zänkereien. Stattdessen Klarheit über Rechte und Pflichten. Das kostbare Dokument, bis heute in Vent gehütet und in Abschriften im Archiv der Tiroler Landesregierung gelagert, schreibt die neuen Besitzverhältnisse fest: Den Bauern aus dem Schnalstal gehören fortan gut dreitausend Hektar Land. Auf den Almen des Nieder- und Rofentals darf ihr Vieh ungehindert weiden. Das sichert das Auskommen für Kinder und Kindeskinder.

Mehr als sechshundert Jahre sind seither verstrichen, und der Vertrag ist Teil der Identität dieses Landstrichs geblieben. Venter und Schnalser sitzen regelmäßig gemeinsam am Tisch, bei einem Glas Magdalener oder Kalterer See, vor sich eine Speckplatte und ein paar Ötztaler Breatln oder Vinschger Paarln, wie das Brot hier heißt. Es gibt manches auszuhandeln, die Südtiroler sind die größten privaten Grundbesitzer weit und breit. Gleichzeitig sind sie Freunde und Komplizen. Die Schafe verbinden.

Die Transhumanz, auch Wanderschafhaltung genannt, ist eine uralte Form der Weidewirtschaft: Im späten Frühling, wenn es in den Ebenen heiß und trocken wurde, zog man mit seinen Tieren auf die Almen, um im September oder Oktober auf die Wiesen der niedriger gelegenen Gebiete zurückzukehren, die im Herbst und Winter über gute Weiden verfügten. Solche Viehtriebe hat es früher einmal zwischen der Poebene und den Almen Südtirols gege-

Hooo-hoi, leck leck

Mit den Schafen übers Joch: Sommerfrische im Ötztal

Das am Ende des gleichnamigen Tals gelegene Bergsteigerdorf Vent hat sich viel von seiner Ursprünglichkeit bewahrt und ist Ausgangspunkt für zahlreiche spektakuläre Touren im hinteren Ötztal.

ben, zwischen der spanischen Meseta und den Pyrenäen oder der Provence und den französischen Alpen.

Der Schaftrieb vom Schnalstal ins Nieder- und Rofental gilt streng genommen nicht als wirkliche Transhumanz. Die Tiere sind nur einen Tag unterwegs, bestenfalls zwei oder drei, wenn sie aus anderen Teilen des Vinschgaus stammen: Dann müssen sie vorher durchs Schlandrauntal und übers Taschljöchl nach Vernagt oder Kurzras trotten und von hier aus weiter Richtung Vent. Und doch ist die Tradition dieser speziellen Almwirtschaft eine Besonderheit und deshalb seit 2011 von der UNESCO mit dem Siegel des „Immateriellen Kulturerbes" gewürdigt: einer der wenigen grenzüberschreitenden Viehtriebe, den es noch gibt, und der einzige, der Gletscher überquert.

Bergschaf, Steinschaf und Brillenschaf, Pater-Schaf und Schwarznase: die ungezählten Mitglieder einer riesigen Familie. Auch Hans Haid ist mit Schafen aufgewachsen. Schon von Kindesbeinen an hat er sie gehütet und die Lämmer versorgt, die mit der Flasche aufgepäppelt werden mussten. Das hat ihn geprägt. Danach kamen das Studium in Wien, Vortragsreisen und Recherchen in vielen Teilen der Alpen. Die Sehnsucht nach der Rückkehr ins Ötztal setzt sich in ihm fest. Hans Haid ist über fünfzig, als er zu seinen Wurzeln zurückkehrt. Im hinteren Ötztal erwirbt er einen kleinen Bauernhof, das Roale in Heiligkreuz, einem Weiler zwischen Zwieselstein und Vent. Hier möchte er die Hektik der Städte ein Stück weit hinter sich lassen und sich in Ruhe dem Schreiben und Forschen widmen. Zusammen mit seiner Frau, der Volkskundlerin Gerlinde Haid, renoviert er den Hof, der schon im Mittelalter urkundlich erwähnt wurde.

Als er sich fünfzehn Schafe kauft und den Stall zu seiner Nutzung zurückführt, verwirklicht er einen Traum: Er ist jetzt Bauer, in kleinem Rahmen zwar, aber doch. Andere Tiere will er nicht halten, da ist Hans Haid ganz dezidiert. „Ich habe sehr intensive Kontakte mit meinen Schafen gehabt, die waren mindestens so anhänglich und treu wie ein Hund." Ende Juni bringt er sie auf die Bergwiesen unterhalb des Nederkogels. Ein riesiges Almgebiet, kaum zu überblicken. Wenn er seine Herde besucht, hat er Mühe, sie zu finden. Oft steigt er auf der gegenüberliegenden Talseite in die Höhe und versucht von dort aus, sie mit dem Feldstecher zu orten.

Konflikte bleiben nicht aus. Auf der Nederkogel-Alm weiden auch die Schafe eines zweiten Bauern, der hat nur edle weiße Tiere, wie Hans Haid voller Ironie erzählt. Das Tiroler Bergschaf gilt als vornehmer als die braunen Steinschafe, für die er sich entschieden hat, weil sie sich dem alpinen Gelände besonders gut anpassen. Dass er seinen Widder mit in die Höhe schickt, ärgert den anderen Almbauern, wohl aus Sorge, dass seine edlen Tiere Rasse und Klasse verlieren könnten. „Also haben sie meinen Widder oben am Berg kastriert und ins Tal getrieben."

Erlebnisse wie diese schmerzen Hans Haid, er ist mit seinen Schafen tief verbunden. Sie haben ihn gleich mehrfach zu kulturhistorischen und volkskundlichen Büchern und Essays inspiriert. Das hintere Ötztal ist eines seiner liebsten Forschungsfelder geblieben. Dass er am 21. September 1991 auf die Similaunhütte im Venter Niedertal wandert, ist kein Zufall: Zusammen mit seiner Frau Gerlinde ist er mit Reinhold Messner verabredet, um über gemeinsame Projekte nachzudenken. Die drei gehören zu den ersten, denen Hüttenwirt Luis Pirpamer von einem seltsamen Toten erzählt, den zwei deutsche Bergsteiger zwei Tage zuvor am Tisenjoch unweit vom Hauslabjoch entdeckt haben. Wenig später brechen Messner und das Ehepaar Haid zur Fundstelle auf. Die Umrisse einer dunklen Gestalt ragen aus dem Eis. Das muss der *Etztoolar Neene* sein, schießt es Hans Haid durch den Kopf, der bislang älteste Vorfahre der Ötztaler.

Das Tisenjoch ist ein schon in prähistorischen Zeiten nachweisbarer Übergang, weiß Hans Haid aus Überlieferungen: Wenn das Niederjoch zu stark vergletschert war, wich man auf diesen Pass aus. Der Name des Ortes, so ist zu vermuten, führt zu den *Disen* zurück, den Göttinnen der nordischen Mythologie. Aus Sagen hat Hans Haid geschlossen, dass die Gegend oberhalb von

Seite 34/35: Nur durch die auffälligen Markierungen können die zahllosen Schafe von ihren Besitzern kontrolliert und gefunden werden.

Rechts: Der lange Weg zur Martin-Busch-Hütte

Seite 38/39: Das über die Similaunhütte erreichbare Tisenjoch auf 3210 m Seehöhe. Die schlanke Steinpyramide weist auf die Fundstelle des inzwischen weltberühmten „Ötzi" hin.

Vent wohl schon länger bewohnt ist, als es die Wissenschaft bisher zu beweisen im Stande war. Seinen Untersuchungen folgend, wurde die Gegend um Vent schon vor sechstausend Jahren von Hirten und Herden durchstreift. Dafür sprechen die Fundstücke auf der Kaser, einem Almboden etwas oberhalb von Vent. Menhire in Form eines Widderkopfs und Steinsetzungen in unmittelbarer Nähe einer Quelle verschließen ihre Geheimnisse. War der erste Weideplatz mit frischem Wasser, den man erreicht, wenn man vom Süden über die Joche kommt, auch eine prähistorische Kultstätte?

Und nun dieser merkwürdige Tote vom Tisenjoch: Und wenn er nun den Schlüssel bereithielte zu den Fragen, die Hans Haid so intensiv beschäftigen? Für ihn gibt es keinen Zweifel: Das ist keine einfache Gletschermumie. Der Platz, an dem der Körper bestattet wurde, hat die Form eines steinernen Sarges und ist darin vielsagend. Doch seine Ahnungen treffen auf taube Ohren. Vorerst glaubt niemand, dass der seltsame Fremde länger unter dem Eis begraben war. Man verweist auf etliche Funde ähnlicher Art und bleibt gelassen. Gletscher geben regelmäßig Leichen frei, wenn warme Sommer das Eis aufschmelzen. Also macht man Dienst nach Vorschrift. Die Gendarmerie rückt an, der Tote wird freigelegt und nach Innsbruck geflogen, wo ihm die Staatsanwaltschaft eine Aktenzahl zuteilt, Strafsache gegen unbekannte Täter. Gerichtsmediziner stellen erste Untersuchungen an. Am 24. September 1991 jagt eine aufsehenerregende Meldung durch die Presseagenturen: Der Mann aus dem Eis ist gut fünftausenddreihundert Jahre alt.

Vent ist mit einem Schlag weltberühmt. Archäologen sichern die Fundstelle und bergen Kostbarkeiten: ein Beil aus Kupfer, Pfeile und Bogen, einen Tragkorb, einen Mantel, ein Messer. Reiche Beute für die Wissenschaft, die sich um den Ötzi, wie er fortan heißt, und die Rätsel bemüht, die er aufgibt. Hans Haid hat schließlich Recht behalten. „Das Überschreiten der Joche war schon in der Jungsteinzeit sehr verbreitet, das waren nicht nur die Wege der Schafe, sondern auch Handelsrouten. Die Feuersteine aus Silex, die man in Vent gefunden hat, stammen aus den lessinischen Bergen nördlich von Verona." Etwas unterhalb der Kaser hat man das Lager von Hirten und Jägern entdeckt, den Hohlen Stein, wie der Ort heißt: ein überhängender Fels mit einem Unterschlupf für sechs bis acht Personen. Ausgedehntere Grabungen der Archäologen von der Universität Innsbruck im Umland von Vent brachten schließlich Klarheit: Im hinteren Ötztal muss es schon um 4000 v. Chr. eine frühe Form der Weidewirtschaft oder Transhumanz gegeben haben.

Die Erkenntnisse von Franz Mandl bestätigen noch zusätzlich, dass die Wurzeln der Almen weiter in die Frühgeschichte zurückreichen, als man gemeinhin annahm. Mandl hat im Dachsteingebiet die Reste bronzezeitlicher Almhütten aufgespürt, die in der Epoche zwischen 1700 und 1200 v. Chr. errichtet wurden. Damals erlebte der Bergbau im nahegelegenen Hallstatt eine Blüte. Immer mehr Bergleute und ihre Familien zogen zu. Doch die Wiesen und Äcker zwischen See und Gebirge waren klein, die Verpflegung der wachsenden Bevölkerung schwierig. Also erkundete man die Bergregionen und landete auf den Weiden des östlichen Dachsteinplateaus, wo man eine erste Form der Almwirtschaft praktizierte, um Nahrungsmittel für die Bergleute zu produzieren und sie mit Fleisch- und Milchprodukten zu beliefern. Selbst Karstmulden innerhalb der Wälder wurden genutzt: Tonige Sedimente stauten Wasser, Pflanzenreste bildeten Humus, so dass natürliches Grünland entstand. In zwei solchen Senken, in der Lackenofengrube und in der Königreichalm, konnten von den Archäologen Hüttenreste und Knochen von Tieren freigelegt und datiert werden. Insgesamt haben Franz Mandl und die Mitarbeiter von ANISA, dem Verein für alpine Forschung, im Dachsteingebiet mehr als zwanzig solcher urgeschichtlicher Almsiedlungen nachgewiesen. Man hatte sie aufgegeben, als sich das Klima verschlechterte. Erst in der Hallstattzeit (ca. 800 bis 450 v. Chr.) wurden sie neu belebt und später von den Kelten und Römern intensiver benutzt.

Der *Etztoolar Neene* war ihrer aller Vorfahre, davon ist Hans Haid überzeugt. Dass er mit der Gegend vertraut war, scheint außer Zweifel. Gut möglich, dass er im hinteren Ötztal, wo seine Schafe weideten, nach Erz gesucht hat. Er war wohl ein Hirte, vielleicht auch ein Suchender. Schäfer sind häufig Philosophen, belesene Männer, so Hans Haid. Sie haben den Blick nach innen und nach vorn: der Willi Gurschler, der Hans Niedermaier oder der Elmar Horer, weithin geschätzte Persönlichkeiten. Den meisten von ihnen liegt der Schaftrieb im Blut, schon ihre Väter und Großväter waren mit dabei und haben den Sommer in einer der Hütten im Niedertal oder am Rofenberg verbracht. „Seine Heiligkeit", so der Spitzname für den inzwischen verstorbenen Vinzenz Gurschler: Oberhirte über tausende Tiere, ihr Behüter, Beschützer und Gefährte. Ein erfahrener Hirte kennt jedes seiner Tiere, fühlt sich mit jedem verbunden. Wenn ihnen etwas zustößt, leidet er mit. Er fürchtet die Adler auf der Suche nach Beute und sieht Zwillingsgeburten mit Sorge: Kaum eine Mutter schafft es, zwei der auf den Hochalmen geborenen Jungtiere durchzubringen und zu beschützen. Selbst erfahrene Tiere können auf glatten Felsplatten ausrutschen und abstürzen. „Schafstod" heißt eine dieser Stellen in der Nähe der Niedertaler Schäferhütte.

Mitte August kommt der Herbst. Die Weiden im Niedertal verlieren an Kraft, nicht nur Schäferinnen und Schäfer haben die Heimkehr im Auge. Sie müssen darauf achten, dass die Tiere nicht auf eigene Faust losziehen. Sie spüren, wie sich der Winter ankündigt. Den Weg brauchen die Schafe nicht zu suchen, den haben sie in den Genen. Immer wieder passiert es in diesen Wochen, dass sie Richtung Niederjoch abhauen. Einmal mehr folgt ihnen der Mensch, diesmal um sie zurückzuholen.

Hooo-hoi, leck leck. Spätestens am zweiten Septemberwochenende hört man den Lockruf der Hirten und Helfer besonders oft. Man startet den Abtrieb. Einmal mehr die bangen Fragen: Wird das Wetter halten? Wird man alle Tiere heil über die Joche und auf die Winterweiden und in die Ställe bringen? Die Erinnerung an legendäre Katastrophenfälle macht wachsam. Einmal, so erzählt man sich, seien bei einem dieser Schaftriebe 1300 Tiere und alle Hirten, bis auf einen, zugrunde gegangen, als man von einem Wintereinbruch überrascht wurde. Im Juni 1844 erfror ein Hirte mit zweihundert Schafen am Gurgler Ferner, als er die Herde von Südtirol übers Eisjoch auf die Kippele-Alm zu bringen versuchte. Am 18. Juni 1979 schließlich, das Erlebnis steht vielen noch klar vor Augen, gerieten Vieh und Treiber am Niederjochferner in einen Sturm. Als sie die Passhöhe erreichten, schienen die Tiere am Ende ihrer Kräfte. In einer spektakulären Rettungsaktion wurden jene Schafe per Hubschrauber ins Tal gebracht, die

Seite 40: Wandern in einer Region mit großer kulturgeschichtlicher Bedeutung

Oben: Die frühere Schäferhütte auf dem Weg zur Martin-Busch-Hütte

Darunter: Die Schafe scheinen den Weg oft zu kennen.

Seite 43: Fast erreicht: Die Martin-Busch-Hütte auf 2501 m Seehöhe ist nach dem Tiroler Landesschulrat und Vorsitzenden des Österreichischen Alpenvereins (1953–1957) benannt.

Hooo-hoi, leck leck

Mit den Schafen übers Joch: Sommerfrische im Ötztal

sich kaum mehr auf den Beinen halten konnten. Über hundert von ihnen kamen trotzdem um.

In der Zwischenzeit hat Hans Haid den Hof an seinen Sohn übergeben. Und trotzdem: Kein Jahr ohne Schaftrieb. Zumindest ein paar Kilometer, oft auch einige Stunden geht er jedes Mal mit: so wie es immer gewesen ist und hoffentlich noch lange sein wird. *Schaftod* heißt eines seiner Gedichte, geschrieben in einer Sprache, die von weit herzukommen scheint: aus anderen Zeiten, einer anderen Welt.

sellamool
sechzig vrleent
sellamool
keemen
di leenen
sall wöll
keemen
di leenen
oaha und hiin
olle hiin
weiß
und scheane dr schnea
mittlat
dr töet
sellamool wöll
und ummedumm
olles lei schnea
sellamool
sallwöll

(in solchen zeiten / sind sechzig in den lawinen umgekommen / in solchen zeiten / kommen / die lawinen / herunter und hierher / alles tot / weiß / und schön der schnee / mittendrin / der tod / in solchen zeiten / und rundherum / alles nur schnee / in solchen zeiten / ist es so)

Natur
schutzgebiet

Wenn der Hochkönig grollt

Von übergossenen Wiesen und wilden Frauen: Almsagen

Wenn du nicht reif bist für etwas,
dann wird es nichts,
dann zerrinnt dir das, was dir geschenkt ist,
zwischen den Händen.

Helmut Wittmann

Auch so kann das Almleben aussehen: silberne Glocken für die Kühe, vergoldete Hörner für die Stiere und ordentlich Wein für die Sennerinnen und Hirten. Es wird gelacht und getanzt, und als man nicht mehr weiß, wohin mit der Unzahl an Käselaiben, die einem das Schicksal zugespielt hat, pflastert man damit den Weg zwischen den Hütten. Die überschüssige Milch landet in einem Zuber, in dem die jungen Frauen baden wie Cleopatra.

So soll es dereinst auf einer der Almen am Fuß des Hochkönigs zugegangen sein. Als dann eines Tages ein gebrechlicher alter Mann auftaucht und um ein Nachtlager bittet, lacht man ihn aus. Für einen wie ihn sei hier oben kein Platz. Er solle sich davonscheren, hört er, der Teufel werde schon ein warmes Plätzchen für ihn finden. Doch kaum ist der Greis davongezogen, jagt ein grauenerregender Sturm vom Königssee über die Teufelshörner auf die Alm zu. Ein Grollen und Beben setzt ein. Blitz und Donner, gefolgt von Schnee und Wind brechen über die Almhütten herein. So rasend schnell, dass sich niemand mehr zu retten vermag. Eine Katastrophe.

Helmut Wittmann rollt mit den Augen: hunderte Männer, Frauen und Kinder und mit ihnen ungezählte Tiere unter Schnee, Eis und Fels begraben, fruchtbare Wiesen und Felder für alle Ewigkeiten zerstört. Zurück bleibt eine Ödnis von Gletscher, Firn und Fels.

Wie oft hat Helmut Wittmann die Sage von der „Übergossenen Alm“ schon vorgetragen? Noch längst nicht oft genug, das spürt man deutlich. Die darin geschilderten Begebenheiten fesseln ihn jedes Mal von neuem. Und mit ihm auch jenes Publikum, das ihm seit Jahren an den Lippen hängt. Helmut Wittmann erzählt die Märchen und Geschichten mit so viel Verve und Emotion, dass uns die Imagination geradezu anspringt: die Bilder von blühenden Almen unter rauen Felsen, von feisten und lieder-

Wenn der Hochkönig grollt

Von übergossenen Wiesen und wilden Frauen: die Almsagen

lichen Haltern und Sennerinnen und von nicht enden wollenden Schneestürmen, die Mensch und Tier für immer in eine kalte Gruft schicken.

Helmut Wittmann holt weit aus. An einem Vorfrühlingstag im März 1959 geboren, ist er im oberösterreichischen Almtal aufgewachsen. Seine Mutter steckte voller Fabulierlust. Sie hat ihn und die Kinder des Dorfes regelmäßig um sich geschart, hat sie zu einem Spaziergang mitgenommen und deren Phantasien mit alten Sagen und Legenden aus ihrem Erinnerungsschatz genährt. Etliches von dem, was ihr Sohn damals aufschnappte, hat er später in seinen Programmen vor größerem und kleinerem Publikum präsentiert. Immer auch mit dem Wunsch, Brücken zu schlagen und Verbindungen zu schaffen zwischen dem Denken früherer Tage und der Gefühlslage der Gegenwart.

„Bis ins 19. Jahrhundert hinein haben sich die Leute vor den Gletschern gefürchtet", so Helmut Wittmann über die didaktischen Absichten des Lehrstücks „Übergossene Alm". Dereinst hat man darum gebetet, dass das Eis zurückgeht, dass Seen nicht mehr ausbrechen und ganze Dörfer und Täler überfluten. Die Angst vor einer Verschlechterung des Klimas, vor neuerlichen Kälteeinbrüchen, Lawinen und Unwettern bremste Fröhlichkeit und Schaffensfreude. Während wir uns heute davor fürchten, dass die Gletscher schmelzen, und gleichzeitig höchst verschwenderisch mit den Geschenken der Natur umgehen. Ganz abgesehen davon, dass Güter und Geld im Fluss bleiben müssen: eine zusätzliche Erkenntnis aus der Sage von der untergangenen Alm am Hochkönig, meint Helmut Wittmann. Und überhaupt: So weit weg, wie man meinen möchte, liegt das Seinerzeit nicht, ein Gedankensprung, und die Gegenwart ragt in die phantastischen, oft bizarren Erklärungsmodelle der Naturphänomene. So treffen Sagen auch unseren Lebensnerv.

Filmvorführer, Landarbeiter und Buchhändler, Sekretär, Spieleerfinder und Texter. Ehemann und Vater von fünf Kindern, seit 1990 professioneller Märchenerzähler: Schon die Biografie Helmut Wittmanns ist Stoff für unzählige Anekdoten. In seinem Kleiderschrank hängen nicht weniger als sechzehn Lederhosen, in der Garderobe eine Kollektion von Hüten, die meisten aus Filz und Loden. Unter der Krempe blitzen listige braune Augen, der

Seite 46–53: Hier im Almtal fühlt sich Helmut Wittmann sichtlich am wohlsten. Mit seinen Geschichten und Märchen hat der Erzähler die (deutschsprachige) Welt erobert. 2003 wurde er in Potsdam für sein Werk mit dem „Deutschen Volkserzähler-Preis" geehrt.

Mund wird von einem buschigen Schnauzbart beschirmt. Fast schon sein Markenzeichen.

Einmal ins Ochsenhorn geblasen, und es ist Ruhe in der Stube oder im Saal. Und dann legt Helmut Wittmann los. Ein paar Sätze, und wir sind gefangen. Bis uns ein laut perlendes Lachen in die Freiheit zurückschickt. Helmut Wittmann ist ein heiterer, gelassener Mann, selbst wenn er die verwegensten, versponnensten Märchen vor uns ausbreitet. Tollkühne Geschichten, mit Heldinnen und Helden, die allerlei Prüfungen zu durchlaufen haben, ehe sie in ein glückliches Ende entlassen werden. „Das Märchen ist von seiner Grundstimmung her optimistisch", meint Helmut Wittmann, „Probleme werden kreativ und schöpferisch gelöst."

Damit freilich will die Sage nicht dienen. Sie steht mit einem Bein in der Wirklichkeit, erwähnt konkrete Schauplätze, meist auch den Zeitpunkt des Geschehens oder den Namen der Beteiligten. Der Ausgang der Handlung ist häufig finster: weil sich wenig aufhebt in versöhnlichen Glücksversprechungen, weil das Dunkle, Unwägbare über das Licht siegt und die Erdenbewohner eingeschlossen bleiben in einen Kosmos voller Gefahren und Bedrohungen. Die Sage lehrt uns das Fürchten: Sie steht näher beim Mythos und stürzt den Menschen oft genug in den Abgrund.

In den Alpen, wo sich die Natur besonders grimmig und unheilvoll gebärdet, ist es wichtig, Teil einer Gemeinschaft zu sein und eng zusammenzustehen. Die Sage ist Spiegel eines fest gefügten Gesellschaftssystems, das die Dorfbewohner unter ein schützendes Dach holt: Jeder hat hier seine Aufgabe und Rolle, oben und unten sind klar festgeschrieben, nichts, woran man zweifeln dürfte. Wer ausschert und seinen eigenen Weg sucht, wer mit dem Kopf durch die Wand will, der stößt auf Fels und Stein. Hier kommt man nicht weiter, hier lauern Flüche und Verwünschungen.

Mord und Totschlag, Diebstahl und Ehebruch werden gerichtlich geahndet. Dafür gibt es Gesetze. Doch was ist mit all jenen Verbrechen, für die sich kein Richter zuständig fühlt? Geiz, Hartherzigkeit, unbotmäßige Neugier, Neid, Eifersucht, ungezügelte Leidenschaft: Gefühle wie diese gilt es anders zu bändigen und zu bestrafen. Die Sagen wissen, wie das geht. Wer den Tag Gottes nicht ehrt, zieht den Fluch auf sich. Wer sich mit Naturgeistern verbündet, sollte sich vor deren magischen Kräften hüten, so bequem es sein mag, jemanden zu haben, der die Wiesen fett macht und die Butter gelb. Da genügt ein falsches Wort, und der Geist verschwindet. Oder schlimmer: Er rast, tobt und verdammt den vormals so reich beschenkten Komplizen, auf dass dieser als Unglücklicher durch die Welt geistert, zu einem Felszinken versteinert oder in einem See ertrinkt. Auf dessen Boden, weit weg von jedem Tageslicht, fristet er sein Dasein bei den Drachen und Lindwürmern, die ab und zu an die Sonne drängen.

Auf den Almen, wo man den Naturgewalten schutzloser ausgeliefert als unten im Tal, setzt die Phantasie zu Höhenflügen an. Übernatürliche Phänomene locken und schüchtern gleichzeitig ein. Der Alltag steckt voller Untergangsszenarien, ein Grauen ohne Ende, gebändigt von Gottesfurcht und der Hoffnung auf Erlösung im Jenseits. Oft genug sind es Priester und Pater, die auf die Bergeshöhen steigen, um Teufel und Geister zu vertreiben und ihre Schäfchen mit Weihwasser und strengen Geboten auf den rechten Pfad zurückzuführen: kein Pakt mit dem Bösen, keine Allianzen mit fremden Gottheiten, keine falschen Begierden, Nächstenliebe statt verbotener Lustbarkeiten. Und so muss jeder Fremde seinen Schlafplatz finden, wenn er des Abends müde über die Weiden wankt, jeder, der hungert, hat das Recht auf ein Stück Brot, eine Tasse Milch oder einen Teller Mus.

Die Sage von der „Übergossenen Alm" ist nicht die einzige, die Übermut, Blasphemie und Geiz anprangert. Totalp-Sagen, wie man sie nennt, sind weit verbreitet. So werden im hinteren Ötztal, im dereinst wohlhabenden Städtchen Tanneneh, die hoffärtigen Menschen, die einem Armen die Türe weisen, verflucht. „Tanneneh, Tanneneh, 's macht an Schnee und apert nimmermeh", hört man eine Stimme rufen. Und so geschieht es: Die Häuser und ihre Bewohner versinken im Eis, der Gurgler Gletscher legt sich über die Bergwiesen. Und auch die Almen am Wiesbachhorn in der Gegend von Kaprun verschwinden unterm Schnee. „Wenn du nicht reif bist für etwas", so Helmut Wittmanns lakonischer Kommentar, „dann wird es nichts, dann zerrinnt dir das, was dir geschenkt ist, zwischen den Händen."

Aufpassen, wachsam bleiben, bedacht umgehen mit sich und den anderen: Dazu ermahnen die Sagen und wandern flink durch die Lande. Die Figuren tauchen in vielerlei Gestalten in allen Tei-

len der Alpen auf. Sagensammler haben versucht, sie einzufangen, zu domestizieren und sie und ihre Schicksale zur Erbauung der Leserschaft zwischen zwei Buchdeckel zu pressen. Doch eigentlich entwickeln diese Wesen erst beim Erzählen ihr wirkliches Eigenleben: die Saligen Frauen, oft Wildfrauen genannt, schöne Freundinnen der Menschen, solange man ihre Gesetze respektiert. Die Schemen und Spukgestalten, die den Sennerinnen und Sennern bei der täglichen Arbeit helfen oder auch Steine in den Weg legen, die Walen oder Venedigermandln auf der Suche nach Gold, Silber und Kupfer. Die Riesen und Zwerge, letzte Überlebende untergegangener Völker, die zauberischen Hexen, die sogar Stricke und Spültücher melken. Die Dellermändles und Wildschwaigerinnen, die Fänggen, Norggen und Wichtel, und wie sie alle heißen, die guten und bösen Geister, die Kasermandln, Putze und Wöla, die wilden Jäger, Wiedergänger und Untoten, der Teufel.

Besonders furchteinflößend wirken die hölzernen Puppen, Toggeln und Sennentuntschis. Wo die Einsamkeit groß ist, sucht man sich Gesellschaft zu verschaffen. Und so schnitzt oder schneidert man sich einen Gefährten oder eine Gefährtin und staunt nicht schlecht, wenn diese plötzlich atmen und sprechen. Der Golem-Mythos, wie man ihn aus etlichen Regionen der Welt kennt: weil die Ängste und Obsessionen, die Alpträume und Halluzinationen da wie dort ganz ähnliche Wurzeln haben. Nur wer eng zusammenrückt mit den anderen Hirten und Sennerinnen, der entflieht dem Schauder und spielt sich frei.

In den Sagen spürt man die Enge des bäuerlichen Lebens, konstatiert Helmut Wittmann. Der Alltag läuft in so beschränkten Bahnen, dass die Sehnsucht nach der Alm zum Versprechen wird: Dort ist das Denken offener als unten im Tal, dort gibt es Freiheiten, die beflügeln. Auch für Helmut Wittmann ist die Alm immer wieder Inspirationsquelle. Die Tour von Grünau ins Tote Gebirge, hinauf zum Redenden Stein ist für ihn als Märchenerzähler sommerliche Wallfahrt. Der Aufstieg fordert ihn: tausend Höhenmeter, eine fast senkrecht ansteigende Route. „Da bin ich zwischen sechs und sieben Stunden unterwegs: Wenn man oben ankommt, ist man in einer anderen Welt. Da fällt vieles von einem ab, da gibt es keinen Handy-Empfang und man ist ganz auf sich selbst gestellt. Das hat schon etwas."

Unlängst hat er bei einer seiner Wanderungen schlechte Bedingungen erwischt: Der Aufstieg ist anstrengender als sonst, ein

Sturm hat die Bäume kreuz und quer gelegt, und dann verirrt er sich auch noch. Er dreht um. Und just in dem Moment tritt er fast auf eine Kreuzotter. „Da dachte ich mir schon – oha, aufpassen. Wenn mich die jetzt beißt, das wäre nicht lustig. Kein Mensch weit und breit, das Handy tot. Als ich nach acht Stunden das Albert-Appel-Haus auf der Henaralm erreicht hab, war das wie eine Läuterung, wie die Ankunft im Gelobten Land."

Obwohl sich Helmut Wittmann hundemüde fühlt, darf er sich nach dem Essen nicht einfach hinlegen. Er wird in die Küche gerufen, wo die Hüttenwirte mit den Halterinnen und Hirten sitzen: eine Auszeichnung. In jener Nacht erfährt er einmal mehr das Wilde, Anarchische des Almlebens. Eine der Frauen beginnt zu singen, die anderen stimmen mit ein, das Paschen gibt den Takt der Nacht vor: das rhythmische Mit-den-Händen-Klatschen, das im Ausseerland eine lange Tradition hat. Es dauert nicht lang, und Franz Wittmann ist mittendrin: „Erzähl uns was!" Los geht's. So vergehen die Stunden. Bis die Dämmerung heraufzieht. Kaum Schlaf, dann der schwierige Abstieg nach Grünau: „Nach solchen Tagen und Nächten auf der Alm ist man so getragen, dass man frische Energien schöpft."

Und natürlich auch neue Geschichten. Es gibt Gegenden, da liegt etwas in der Luft, der Geist der Landschaft, so Helmut Wittmann, und hält Augen und Ohren offen. „Fortbildung gibt es bei mir laufend", lacht er, „da muss ich mich nur zum Stammtisch setzen." Wundersame Begebenheiten, die sich zur Sage verdichten, fallen ihm regelmäßig zu. Die Erzähltraditionen früherer Jahrhunderte sind ein Stück weit verschüttet, die Sehnsucht nach den alten Geschichten aber wächst, wie er beobachtet: „Bei den Sagen oder Märchen braucht es keine große Inszenierung, kein großes Theater. Da steht oder sitzt einfach jemand, man hört ihm zu und macht sich seinen eigenen Reim auf alles, was einem da zugetragen wird. Das empfindet mein Publikum als anregend und wohltuend."

Bei den Sagen kann man anknüpfen, sie evozieren Bilder und Phantasien, vielleicht auch Visionen. Für unser täglich Brot ist gut gesorgt. Doch das allein reicht nicht für ein gelungenes Leben. Einmal blinzeln, und die Saligen biegen um die Ecke. Schauen wir, was sie in ihrem Füllhorn haben. Sofern man bereit ist, ihre Geschenke anzunehmen. Sollen sie nur kommen! Die Türe steht jedenfalls offen.

Sennhütt'n

Geh den langen Weg, nicht den kurzen

Zwischen damals und heute: das nachhaltige Wirtschaften auf der Alm

Ich bin kein Träumer. Tradition und Bodenständigkeit, verbunden mit einer zeitgemäßen Landwirtschaft, das ist mir wichtig. Alles andere ist Kitsch.

Fritz Schrempf

Auf diesen Tag freuen sie sich alle: Fritz Schrempf und seine Frau, Sohn Philipp und die beiden Töchter. Vor allem auch die Kühe, die Pinzgauer. Wenn sich der Schnee auf ein paar Flecken in den schattigen Berghalden zurückgezogen hat, kann es losgehen. Eine Stunde dauert die Wanderung von der steirischen Ramsau hinauf zur Brandalm. Die Arnika, das Kohlröserl, der Enzian, und wie sie alle heißen, trotten nach oben. Vier Dutzend Rinder und sechs Pferde stehen von Ende September bis Anfang Juni bei Fritz Schrempf im Stall, nun weht ihnen der frische Bergwind ums Maul. Er beflügelt, selbst wenn der Zug nur langsam vorankommt: Der lange Winter steckt den Tieren in den Knochen und Muskeln.

Der Brandhof im Ortsteil Schildlehen gehört zu den ältesten Gehöften der Ramsau. „Brandhof", „Brandalm", „Brandriegel": In den Haus- und Flurnamen steckt die Geschichte. Die ersten Wiesen- und Ackerflächen hat man der Wildnis durch Brandroden abgetrotzt. Bäume wurden geschlagen, der Wald abgeholzt, das Gebüsch gekappt und dem Feuer überlassen.

Der Brand-Fritz, wie man ihn in der Ramsau nennt, setzt fort, was seine Vorfahren geschaffen haben, und schaut gleichzeitig wachen Blickes nach vorn: um zeitgemäß und nachhaltig zu wirtschaften, für sich und die nachfolgenden Generationen. Aus den graublauen Augen des Fritz Schrempf sprechen Erfahrung, Energie und die Bereitschaft, sich mit Leib und Seele seinen Überzeu-

gungen zu verschreiben. Schon von Kindheit an ist er in den elterlichen Betrieb hineingewachsen. Auch die Brandalm, 1627 erstmals urkundlich erwähnt, ist Teil des Besitzes. Doch die interessierte niemanden. Die Unterkunft der früheren Halter und Sennerinnen ist in schlechtem Zustand. Fritz ist in seinen Zwanzigern, als er beschließt, sie zu renovieren. Der Vater meldet Zweifel an. „Wir leben von den Weiden und Äckern rund um den Hof", predigt er. „Mehr brauchen wir nicht."

Doch Fritz hat seinen eigenen Kopf. Er baut die Hütte um, vorerst nur für sich. Ausschenken will er dort nichts. Bis er bemerkt, wie viele Wanderer seine Alm passieren. Wahrscheinlich wäre es gar nicht so dumm, eine einfache Jausenstation einzurichten, denkt er sich. Die Idee setzt sich fest. Als er 1983 heiratet, hat er mit Erika eine Frau zur Seite, die mit ihm zusammen über den eigenen Tellerrand hinausschaut. Gemeinsam entwickeln sie Pläne. Sie beobachten, wohin der Trend geht. Auf den Almen zieht der Fortschritt ein und mit ihm die Veränderung. Alte Hütten werden abgerissen und durch gesichtslose Neubauten ersetzt oder aber pseudo-alpin umgebaut. In den früheren Ställen sind Bars und Gasträume untergebracht, in den Milchkammern die Toiletten. Aus den Lautsprechern plärren die Schlagerstars aus dem Musikantenstadl, auf den Speisekarten stehen Germknödel und Apfelstrudel aus den mit industriell verfertigten Speisen angefüllten Tiefkühlschränken, auf den Weiden grasen die Limousin-Rinder.

Fritz Schrempf schaut sich vieles an und weiß schließlich, wie er es machen will. Beim Bodenständigen bleiben, ohne der Zeit hinterherzuhinken: Das wird zu seinem Credo. Die Entscheidung für die Pinzgauer ist dabei ein wesentlicher Schritt.

Knapp anderthalb Meter groß, zwischen sechshundert und siebenhundert Kilogramm schwer, das Fell in einem satten Rot-

Seite 56 und 58/59: Malerisch eingerahmt von den Dachsteinsüdwänden liegt die Brandalm auf dem Weg ins Ramsauer Almengebiet.

Rechts: In der Almwirtschaft das Ursprüngliche erhalten und trotzdem mit der Zeit gehen: Das ist das Ziel von Fritz Schrempf.

DER DACHSTEIN
Brand Alm
1.600 m

Oben: Vater Fritz und Sohn Philipp verbindet die Leidenschaft für die Arbeit auf der Alm.

Seite 64 und 67: Fritz Schrempf schätzt die unkomplizierten und robusten Pinzgauer, die sich perfekt fürs Gebirge eignen.

Geh den langen Weg, nicht den kurzen

Zwischen damals und heute: das nachhaltige Wirtschaften auf der Alm

braun, wie die Farbe von Kastanien, Rücken, Bauch und Kreuz weiß gezeichnet. Um die Vorder- und Hinterfüße laufen helle Binden, die „Fatschen", wie sie heißen. Das Pinzgauer war im 19. Jahrhundert die am meisten verbreitete Rasse der Habsburgermonarchie. Man hielt es wegen des Fleisches, der Milchleistung und seiner Ausdauer und Zugkraft. „Auch bei uns war das Pinzgauer sehr beliebt, weil wir hier ja direkt an der Grenze zwischen der Steiermark und Salzburg sind", erzählt Fritz Schrempf. „Bis vor vierzig, fünfzig Jahren hat das Landesgesetz vorgeschrieben, dass es in Salzburg nur solche Rinder geben darf." Das hat sich verändert. Traktoren und Maschinen haben die Übertäuerer, wie man die beliebten Zug-Ochsen nannte, verdrängt. Mit ihrer Ausdauer und Marschkraft ließen sich dereinst sogar die Tauern überwinden, wenn es galt, Waren vom Norden in den Süden zu bringen – und umgekehrt. Kein Wunder, dass sogar ein Fahrzeug ihren Namen trägt, ein Wagen für schwierigstes alpines Gelände: der Pinzgauer, der Stolz von Steyr-Daimler-Puch.

Die Tiere selbst aber verschwanden aus den Ställen und von den Almweiden. Man kreuzte die Rasse mit den Weißblauen Belgiern, mit den Holsteinern oder den Brown-Swiss aus den USA, um sie auf eine reichlichere Fleischmenge oder eine höhere Milchleistung zu trimmen. Fritz Schrempf kann darüber nur den Kopf schütteln. „Die alten Leute waren ja nicht blöd", meint er, „die haben schon gewusst, was sie an den Pinzgauern haben. So ein unkompliziertes Vieh findet sich nicht so leicht. Und die Spezialisierung von heute, ob die wirklich so viel bringt?" Über derlei Kurzsichtigkeit wundert er sich. Noch dazu, wo die Pinzgauer noch ganz andere Qualitäten besitzen. Sie haben einen tollen Charakter und starke Klauen, so Fritz Schrempf, sie sind nicht zu schwer und sehr geländegängig. Ideal für die Alm. Auf ihre dicke Haut schwört er. Selbst wenn es unerwartet schneit, macht ihnen das nichts aus. Sie sind robust. Pinzgauer werden bis zu zwölf oder dreizehn Jahre alt, leben also ein gutes Stück länger als die Kolleginnen und Kollegen aus der Abteilung „Hochleistungsrinder". Dazu die Gebärfreudigkeit der Muttertiere: Jede Kuh wirft bis zu zehn Kälber. Fritz Schrempf hat sich für die Jochberger Hummeln entschieden, die – genetisch bedingt – hornlose Variante des Pinzgauers. Für den Fall des Falles, dass eine Rauferei entsteht, verletzt sich niemand.

Bei den Schrempfs leben die Rinder in einem Laufstall, der Brandhof ist ein Biobetrieb. Ab Ende Juni freilich haben sie einen Auslauf, wie er schöner nicht sein könnte: 98 Hektar Freiheit, davon 43 Futterfläche, die Fritz mit 43 Großvieheinheiten bestoßen darf, wie es die Gesetze vorsehen. Eine Milchkuh oder ein Pferd bilden eine solche Einheit, GVE genannt, Kälber, Schweine oder Ziegen zählen entsprechend weniger. Das wird laufend kontrolliert.

In den Sommermonaten überlässt Fritz Schrempf seinen Hof den Feriengästen, die in seinen Appartements untergebracht sind, und ist nur zum Einbringen der Heuernte auf den Feldern in der Ramsau. Ansonsten lebt er auf der Brandalm. Neben der ursprünglichen Hütte hat er drei Holzhäuser errichtet – dort, wo schon immer ein paar verfallene Schuppen gestanden sind. Nur so hat er die Baugenehmigung erwirkt, der Landschaftsschutz ist streng. Doch unnachgiebig und bestimmt ist er auch bei sich selbst. Für die Wände und den Dachstuhl hat er Material verwendet, das von seiner früheren Tenne am Brandhof stammt. Vierhundert Jahre altes Holz, Steinplatten am Boden, die Bauweise traditionell bis in die Details. Und doch mit dem Komfort von heute – „wir fahren ja auch keinen 18-PS-Traktor mehr".

Auf diese Weise sind eine moderne Almwirtschaft entstanden, sein eigenes Haus mit dem Stall und ein weiteres, bescheideneres für den Senn oder die Sennerin, die er vielleicht einmal einstellen wird. Dazu, fast wie bei einem abgelegenen Weiler, eine Kapelle und eine Jagdhütte. Hier haben seine Töchter Wohnrecht auf Lebzeiten, hier oben sollen alle Familienmitglieder ein Stück Heimat behalten, ganz gleich, was unten im Tal passiert.

Auf der Brandalm ist Fritz für alle Eventualitäten gerüstet. Er hat schlechtere Zeiten im Blick. Darauf ist er vorbereitet: die Selch, den Backofen, um sein eigenes Brot zu fabrizieren, das Butterfass und den Kupferkessel fürs Käsen. Auf seine Pinzgauer kann er ohnehin zählen, komme, was wolle.

Jahr für Jahr werden in Österreich rund 460.000 Rinder, Pferde, Schafe und Ziegen auf Sommerfrische geschickt, darunter seltene oder aussterbende Rassen wie die Ennstaler Bergschecken, das Tiroler Grauvieh, das Murbodner oder das Tux-Zillertaler Rind. Auch das Kärntner Brillenschaf, das Montafoner oder Krainer Steinschaf, die Tauernscheckenziege oder die Blobe-Ziege stehen auf der Roten Liste. Die EU unterstützt die Erhaltung gefährdeter Tierrassen. Ohne Förderungen wären die meisten Almen unrentabel. Die Zuschüsse für die Bealpung, Behirtung und Weidepflege und für Investitionen sind für die Bauern überlebenswichtig.

Fritz Schrempf kennt sich aus mit den Zahlen. Das Pinzgauer gehört zu den Rassen, deren Zucht gefördert wird. Die Arbeit mit den Rindern ist in seiner Hand geblieben, einen Hirten will er sich nicht leisten, das trägt der Betrieb nicht. Fritz steigt regelmäßig von der Brandalm hinauf Richtung Austria-Hütte. Die Gegend um die Brandalm ist steil. Sie zieht sich bis in eine Höhe von 1800 Metern, dorthin, wo der Weg ins Edelgrieß und in die Felsregionen der Dachstein-Südwände beginnt. Er beobachtet, wie wohl sich seine Herde auf diesen Bergwiesen fühlt. Die höhere UV-Strahlung stärkt die Knochen, die dünnere Luft regt die Atmung an, Lunge und Herz werden kräftiger, die Anzahl der roten Blutkörperchen steigt. Das Draußensein bei Wind und Wetter verbessert die Widerstandskraft, das Herumklettern festigt Muskeln, Sehnen und Gelenke. Kräuter wie Weißklee, Rotklee oder Frauenmäntelchen sind gut fürs Fleisch, das spürt man an dessen Marmorierung und Feinfaserigkeit.

Fritz Schrempf hält seine Rinder in eingezäunten Weiden, deren Grenzen er immer neu steckt. Wo wenig Wasser ist – eine Kuh trinkt etwa fünfzig bis achtzig Liter täglich –, hat er die Quellen gefasst. Ansonsten verwendet er Holztröge. Nur keine alten Badewannen, wie sie andernorts in der Gegend herumstehen. „Bei mir gibt es so etwas nicht, darauf lege ich Wert. So ein Trog ist ja schnell gemacht, und der hält dann dreißig bis vierzig Jahre."

Die Mühe lohnt sich. Fritz Schrempf hat kaum je Verluste erlebt, kaum ein Tier, das abgestürzt ist oder vom Blitz getroffen wurde. Die Rinder spüren, wenn Unwetter nahen: Da sind Fliegen und Bremsen besonders lästig, die schwüle Luft lockt sie an. Doch wenn die Gewitter daherjagen, bleiben die Pinzgauer erstaunlich gelassen. Vor allem stellen sie sich kaum je unter die vermeintlich schützenden Lärchen rund um die Almhütte. Nur gegen den Herbst hin wird es gefährlich, so Fritz. Da schrumpfen die Weideflächen und die Tiere verirren sich auf der Suche nach Futterplätzen und geraten schnell ins Unwegsame. Bei Regen rutschen sie leicht ab.

Natürlich entstehen Schäden in der Weide, die kräftigen Hufe treten den Boden auf. Wenn die Lärchen blühen, landet der Samen in der frischen Erde. Den Pinzgauern schmecken die jungen Triebe. Was sie stehen lassen, schnappen sich die Pferde. „Die putzen der Kuh nach", so Fritz Schrempf. „Auch deshalb bin ich froh, wenn viel Vieh auf der Alm ist." Werden die Wiesen nicht regelmäßig abgefressen oder geschwendet, verwachsen sie schnell. Geht die Kuh, kommt der Wald, wie die Bauern sagen. Nur durch konsequente Almpflege gelingt es, den Wildwuchs einzudämmen. Haflinger und Shetland-Ponys helfen ihm dabei. „Hinter sieben bis zehn Rindern sollte ein Pferd nachputzen", so die Faustregel, „einem Rind müssen fünf bis sieben Schafe folgen."

Dann funktioniert's. Möchte er noch andere Tiere auf der Brandalm einstellen, neben den Kühen, Pferden und Ponys, von denen er etliche als Zinsvieh hält? Nein, so wie es ist, passt es, meint Fritz. Hühner wären nett, aber das wäre wohl den Gästen nicht recht, wenn die auf der Terrasse „herumspazieren und sie vollscheißen". Klare Worte: Hühner auf der Alm, das ist etwas für Private oder für Aussteiger, die ihr Glück im Grünen suchen, so Fritz. Aber für einen Betrieb, der sich selbst tragen soll? Für Schweine ist das Gelände zu steil, die wandern bergwärts, bis es nicht mehr weitergeht. Das Hinuntersteigen scheuen sie, das mögen sie nicht, da geraten sie in Panik. Schafe fühlen sich in einem Kessel am wohlsten, am liebsten nahe einem Bach. Beides hat Fritz Schrempf nicht. Die Ziegen würde er gerne halten, aber die müsste er stärker behirten. Dafür fehlt die Zeit.

Auch mit anderen Rassen hat er es versucht. Unter den Kühen, die ihm befreundete Bauern als Zinsvieh anvertrauen, waren Galloway-Rinder. Aber die haben sich mit den Pinzgauern nicht verstanden, erinnert er sich. Da war Unfrieden auf der Weide, und er musste die Herde trennen. Und selbst das hat nicht geholfen: Die Galloway haben den Zaun niedergerissen und waren plötzlich bei ihren einheimischen Cousinen mit im Gehege. Viel Arbeit, sie wieder auseinanderzutreiben und die Einfriedungen zu reparieren. Als ob der Rest nicht schon genug wäre.

Neben dem Tagwerk im Freien wollen die Gäste betreut sein, Wanderer, Mountainbiker und Familien mit Kindern, im Winter die Schifahrer und Tourengeher. Das meiste von dem, was die Küche der Brandalm bereithält, stammt aus der eigenen Landwirtschaft. Allein die Kälber werden im Alter von acht Monaten zum

Schlachthof verladen und finden sich wenig später in Gläschen mit Bio-Babynahrung wieder. Die anderen Tiere des Hofes dürfen in Ruhe altern, ehe sie im Kochtopf oder in der Pfanne oder Bratenreine enden.

Inzwischen ist Sohn Philipp für den Speiseplan verantwortlich, er hat den Hof übernommen. „Meine Kinder sind keine Alm-Seppln", das stellt Fritz klar. Alle drei haben höhere Schulen besucht und hätten studieren können, wenn sie es gewollt hätten. Die Eltern haben sie hinausgeschickt in die Welt. Doch die Kinder sind gerne heimgekehrt und setzen nun fort, was die Eltern vorgelebt haben. Nur so geht es, davon ist Fritz überzeugt. Er hat vor, jetzt in die zweite Reihe zurückzutreten und sich im Altenteil einzurichten. Ob ihm das gelingt? Offiziell ist er in Pension. Aber natürlich schaut er klaren Blickes auf alles, was sich rund- und weitum tut.

Er sei kein Träumer, meint Fritz. Almromantik – damit hat er nichts am Hut. Tradition und Bodenständigkeit, verbunden mit dem Wissen um eine moderne, unserer Zeit angepasste und zukunftsweisende Almwirtschaft: So sieht sie aus, seine Philosophie. „Alles andere ist Kitsch."

Die Pinzgauer grasen auf den Weiden, das Gebimmel ihrer Glocken zieht wie ein Mantra über die Alm. Ihnen scheint es recht, so wie es ist. „Für die Viecher ist ja so ein Almsommer wie eine Kur", weiß Fritz Schrempf. Und für den Menschen? Eine Möglichkeit innezuhalten und sich des Wesentlichen zu versichern. Lass dir Zeit, meint der Brand-Fritz. Geh den langen Weg, nicht den kurzen. So kommst du ans Ziel. Wo auch immer das dann liegen mag.

Rechts: Erst vor wenigen Jahren hat Fritz Schrempf das kleine Dachstein-Kircherl oberhalb seiner Hütten errichtet.

Seite 70/71: Im Winter wird es still um die Brandalm. Mensch und Tier sind im Herbst ins Tal gezogen und warten auf das kommende Jahr, bis der Zyklus von neuem beginnt.

Dachstein-Kircherl

Im Kleinsten steckt das Größte

Susanne Türtscher und die Geheimnisse der Almkräuter

Zum Kräuterwissen gehören die Mythologie, die Poesie und die Einsichten in das Schamanische dazu. Das ist ein weiter Raum, den ich da betreten habe, der hat zehn Türen und wenn ich eine öffne, ganz vorsichtig, dann sind da wieder dreizehn neue Türen.

Susanne Türtscher

Irgendwo muss es stecken, das Geheimnis. Hinter den Büschen oder unter den Steinen, in den verborgenen Senken, wo Leinkraut und Wundklee blühen, vielleicht auch in den Höhlen, die sich jenseits der Weiden auftun. Susanne Türtscher ist sieben Jahre alt, als sie zum ersten Mal über die Wiesen der Alpe Klesenza streunt. Ihre Eltern haben die Hüttensiedlung unter der Roten Wand auf einer ihrer Bergtouren entdeckt: der perfekte Platz für den Familienurlaub. Fortan packen sie ihre Kinder nach Schulschluss ins Auto und übersiedeln von Lustenau ins Große Walsertal, wo sie sich bei den Almbauern einmieten. Susanne ist verzaubert, daran erinnert sie sich bis heute: so viel zu entdecken und erkunden. Und dazu nichts, was sich ihrer Phantasie in den Weg stellt.

Susanne Türtschers Augen blitzen, wenn sie davon erzählt. Die Ferien auf der Alpe Klesenza waren für sie und ihre Geschwister eine helle Freude. War es Zufall, dass sie durch ihre Heirat in Buchboden gelandet ist, einem Dorf am Fuß der Klesenza? Hier hat sie ihre Berufung gefunden: Susanne Türtscher gilt weithin als kluge, ja mitunter als geradezu weise Frau. Kaum jemand, der sich mit Kräutern so gut auskennt wie sie. In Seminaren gibt sie regelmäßig ihr Wissen weiter, in ihrem Haus stellt sie Tinkturen, Tees und Salben aus all jenen Pflanzen und Wurzeln her, die sie auf

Seite 72–79: Die Alpe Klesenza bietet den perfekten Rahmen für die Kräuterseminare mit Susanne Türtscher. Hier, inmitten der Natur, fällt es leichter, sich mit der Geschichte jedes einzelnen Gewächses vertraut zu machen und mehr über dessen Wirkweise zu erfahren.

den Bergwiesen ihrer Heimat gesammelt hat. Eine Kräuterhexe? Sie schmunzelt. Ja, das kann schon sein. Die Bezeichnung hat für sie aber nichts Despektierliches, ganz im Gegenteil. Die *hagazussa*, wie die Hexe im Mittelalter geheißen hat, ist eine, die über den Zaun schaut und in mehreren Welten daheim ist. „Darauf bin ich stolz."

Buchboden im Großen Walsertal. Ein paar Häuser, die Kirche, das Gasthaus. Steile Wiesen klettern die Hänge hinauf, ehe sie in Wäldern und Felsen verschwinden. Der Ort liegt auf 900 Metern Höhe, umschlossen von mächtigen Erhebungen. Das Rothorn, der Zitterklapfen, die Diesner Höhe, fast nur Zweitausender. Wer unten im Tal sitzt, muss sich recken, um die Welt jenseits der Gipfel nicht aus dem Blick zu verlieren. Die Almen rundum sind der erste Schritt Richtung Freiheit: Hier rückt man dem Himmel näher.

In Buchboden und in vielen anderen Regionen Vorarlbergs hat die dreistufige Landwirtschaft und damit eine alte Form des bäuerlichen Nomadentums besondere Tradition. Die Maien- oder Vorsäßen – in Tirol „Asten" und in Salzburg „Kaser" genannt – sind nach der Schneeschmelze die ersten Stationen auf dem Weg zur Hochalm. Ein paar Wochen später zieht man mit den Tieren auf die höhergelegenen Weiden weiter. Im September, wenn es kalt wird und das Futter knapp, treibt man das Vieh zurück auf die Maiensäßen und richtet sich dort ein weiteres Mal ein, ehe man Rinder, Pferde, Ziegen und Schafe ein paar Wochen später ins Tal zurückbringt.

Die wenigen noch verbliebenen Bauern von Buchboden setzen auf die Fleisch- und Milchwirtschaft. Auch die Türtschers haben einen Hof mit Mutterkuhhaltung. Die Arbeit mit den Tieren ist Teil von Susannes Alltag, zusammen mit ihrer Familie, ihrem Mann und den fünf erwachsenen Töchtern.

Vor vier Jahren ist ihr ein zweites Zuhause zugefallen. Es liegt ein Stück oberhalb des Dorfes, direkt neben dem Mühlbach. Hier haben früher einmal die Müller gewohnt. Inzwischen ist das kleine, von Schindeln bedeckte Gehöft mit seinen roten Fensterläden, dem einstigen Stall und der Tenne Susanne Türtschers Rückzugsort und zugleich der Treffpunkt, wenn sie zu ihren Kräuterseminaren oder Medizinwanderungen startet. Vom Garten

Links und oben: Wie gut, dass das Wissen um die Geheimnisse der Kräuter von Susanne Türtscher ebenso unerschöpflich scheint wie die Natur selbst.

Seite 82/83: In den alten Hütten der Alpe Klesenza wird seit Generationen Käse produziert.

aus schaut sie direkt hinüber auf die Alpe Klesenza. So schließt sich der Kreis.

Die Alm war ihre Kinderstube. Die Gespräche mit dem Vater und Großvater und die erlebnisreichen Sommer haben jene tiefe Verbindung mit der Natur gestiftet, aus der Susanne Türtscher bis heute schöpft. Als es um ihre Berufswahl ging, schien die Ausbildung zur Floristin naheliegend. Doch sie bemerkte schnell, dass es ihr zu wenig wurde, üppige Gestecke und dekorative Brautsträuße zu entwerfen. Die unscheinbaren Pflanzen hatten es ihr angetan, alles, was am Wegrand wächst und oft gar nicht richtig wahrgenommen wird. In der Folge beschäftigte sie sich intensiver mit den Heilkräften der Kräuter: Sie ging alten Überlieferungen nach, sprach mit kundigen Menschen und vertiefte sich in die einschlägige Literatur. Mit den Jahren wuchs ihr Erfahrungsschatz so umfassend, dass sich das Bedürfnis entwickelte, ihr Wissen weiterzugeben.

Susanne Türtscher ließ sich zur Kräuterpädagogin ausbilden und lädt seither zu Exkursionen auf die Alm. Wer einmal mit dabei war, der ist tief ins Wesen der alpinen Blumen und Kräuter eingetaucht und beschwingt und erfüllt in sein sonstiges Leben zurückgekehrt. Bei Susanne Türtscher lernt man, Pflanzen zu erkennen, ihre Wurzeln und Blätter zu sammeln, zu kosten und weiterzuverarbeiten. Die Blüten der Brennnessel auf einem einfachen Butterbrot oder das Laub der Bärenwurzel im Topfen oder Joghurt: Sinnliche Lektionen wie diese sind Teil des Programms. „Wir haben unterwegs ein Brettchen mit dabei, dazu ein Messer mit einer Keramikklinge. Und da sitzen wir dann auf der Wiese und bedienen uns." Um so zu erfassen, welch intensive Aromen in den Wurzeln oder Blättern dieser Pflanzen stecken.

Geschmack und Heilkraft der Bergkräuter sind über der Waldgrenze sehr viel stärker ausgeprägt als unten im Tal. Die Flora der Alm- und Felsregionen hat nur wenig Zeit, sich zu entfalten, so Susanne Türtscher. Ihre Konzentration ist deshalb hoch, weil sie Wind und Wetter, Kälte und Sonneneinstrahlung potenziert erfahren und sich oft genug wehren müssen gegen die Erosion. „Und natürlich ist der Untergrund wichtig für ihr Gedeihen, der Flysch oder das Kalkgestein, wie bei uns."

Wer beobachtet, welch widrigen Umständen diese Pflanzen trotzen, der kann erahnen, welch wertvolle Kräfte in ihnen stecken. „Die Almen sind ja unsere letzten Ressourcen. Mich rührt es

Im Kleinsten steckt das Größte

Susanne Türtscher und die Geheimnisse der Almkräuter

zu Tränen, wenn ich sehe, wie der Mensch mit seinen Maschinen immer weiter in die unberührten Gebiete vordringt und wie sich die Bagger die Hänge hinaufwälzen. Die Almweiden gehören zu den wenigen unversehrten Gegenden, die wir noch haben. Die sollten geschützt bleiben für alle, die Sehnsucht haben nach so einem Platz, wo man Antworten findet auf die wesentlichen Fragen unserer Existenz: Woher komme ich, wohin geht es? Was macht mich aus? Die Kräuter können da Brücken schlagen."

Brücken schlagen und Verbindungen schaffen zwischen der äußeren und inneren Realität: Auch das sieht Susanne Türtscher als Teil ihrer Arbeit. Die Menschen wollen berührt werden, das hat sie oft genug beobachtet. „Der Gesundheitsbereich boomt, in Zeiten persönlicher Krisen sind wir ja hellhörig für Naturthemen." Eben da hakt Susanne Türtscher ein. „Ich denke, dass Kräuter ein Spiegel sind für unsere eigenen Lebensmuster, ein Resonanzraum."

Unlängst, so erinnert sie sich an eine ihrer Wanderungen auf der Alpe Klesenza, ist sie mit ihrer Gruppe schon vor dem Morgengrauen über die taufrische Wiese spaziert, bis ein Meisterwurz-Garten erreicht war. Dort hat sie jede und jeden aufgefordert, dem Geruch und der Gestalt dieses Doldenblütlers nachzuspüren, um eigene Empfindungen in sich aufzunehmen und zu deuten. Ähnliches hat sie regelmäßig mit dem Frauenmantel versucht, einem Rosengewächs, das bei schwer heilenden Wunden helfen kann, bei Darmbeschwerden, Menstruationsproblemen und drohenden Fehlgeburten. Eines der Frauenkräuter, wie die Volksmedizin weiß. „Doch bedeuten kann das so vieles: Bei der einen Frau geht's um den Schutzmantel oder darum, dass sie ihr verwaistes Kind bergen sollte, bei der anderen um das Thema Fruchtbarkeit oder um einen seelischen Bereich, der ausgetrocknet ist."

Susanne Türtschers Gedankengebäude steht auf einem festen Fundament. Mit Esoterik habe das nichts zu tun, das sagt sie sehr bestimmt. „Ich mag es nicht, wenn man mich in die Schublade des Kräuterweibleins steckt", erklärt sie. „Zum Kräuterwissen gehören die Mythologie, die Poesie und die Einsichten in das Schamanische dazu. Das ist ein weiter Raum, den ich da betreten habe, der hat zehn Türen und wenn ich eine öffne, ganz vorsichtig, dann sind da wieder dreizehn neue Türen."

Das inspiriert. Und so hat Susanne Türtscher vor einigen Jahren die Initiative „Alchemilla" gegründet, um sich mit anderen

kräuterkundigen Frauen auszutauschen. Der Name der Gruppe ist Programm. Alchemilla ist nicht allein die lateinische Bezeichnung für den Frauenmantel, der auf den Almwiesen des Biosphärenparks Großes Walsertal üppig blüht. Das Wort verweist auch auf die Alchemisten und jene Zeit, da man dem Traum anhing, aus Pflanzen Gold zu gewinnen. Das Tröpfchen im Herzen der Alchemilla, der Morgentau also, inspirierte die damaligen Chemiker und Pharmakologen, bei Tagesanbruch auf die Wiesen zu ziehen, um diesen Tropfen in Glasgefäßen zu sammeln und so zu versuchen, Gold zu gewinnen. „Uns Frauen geht es um Ähnliches, im übertragenen Sinn", so Susanne Türtscher. „Ob wir eine Lotion oder ein Salz herstellen oder eine Medizinwanderung einläuten: Wir wollen vom Gold der Pflanzen erzählen."

Quendel, Arnika, Gundelrebe: Jede der fünfzehn Frauen von „Alchemilla" hat sich ein Kraut ausgesucht, das sie besonders schätzt und das sie zu Salben, Tees oder Seifen verarbeitet. Gemeinsam holen sie die alten Weisheiten von der Kraft der Almkräuter ins Heute. Da gibt es den Spitzwegerich, ein probates Mittel, wenn man sich im Freien verletzt hat oder von einer Biene gestochen worden ist: Seine Blätter wirken wie ein Pflaster. Als Sirup wirkt er schleimlösend bei festsitzendem Husten und lindert Entzündungen der Atemwege. Oder das Johanniskraut: hilft bei Melancholie und depressiven Stimmungen, löst Krämpfe und hat eine stark durchblutende Wirkung.

Das alles muss man wissen. Erfahrung und Umsicht sind Susanne Türtscher wichtig. Sie pflückt ihre Almkräuter immer mit der Hand und hebt die Wurzeln mit einem Holzstück oder einem Hirschhorn aus dem Boden. Eingelegt in ein Gemisch aus Wasser und Alkohol werden sie über Monate hinweg gehätschelt und gepflegt, ehe sie in die Krypta kommen, wie Susanne Türtscher das Herz des Hauses am Mühlbach nennt: ein aus groben Steinen gemauerter Raum mit wenig Licht von außen. Hier ruhen die Essenzen, ehe sie weiterverwendet oder in Fläschchen abgefüllt werden, die dann verdünnt als Arzneien dienen.

Die Menge macht das Gift, erklärt Susanne Türtscher, und beruft sich darauf, dass *gift* im Englischen Geschenk bedeutet. Entsprechend sorgfältig beachtet sie die Dosierungen. „Es gibt ja eine Reihe homöopathische Mittel, die man speziell aus Bergkräutern herstellt. Der Eisenhut ist die giftigste Pflanze, die man in den Alpen finden kann. Richtig dosiert kann man ihn bei Herzrhythmusstörungen einsetzen."

Meisterwurz, Johanniskraut oder Dost waren früher beliebte Hilfs- und Zaubermittel, um sich gegen das Dämonische zu wappnen: gegen Putze und Geister, gegen Verwünschungen und Bedrohungen, die bei Sennerinnen und Sennern zu Furcht und Schrecken führten. Das sei Aberglaube, sagt Susanne Türtscher dezidiert. „Diesen Zugang zu den Kräutern habe ich überhaupt nicht." Und doch greift sie ganz selbstverständlich auf überlieferte Traditionen zurück. Früher gingen die Menschen nicht einfach auf die Wiese, um sich dort zu bedienen. „Sie sind den Pflanzen auf einer anderen Ebene begegnet: Sie sahen sie als Wesen." Sie vertrauten ihnen, baten sie voller Demut um Hilfe. In diesem Schritt lag der erste Heilungsprozess. „Das möchte ich vermitteln." Um sich so einer Lebenswelt, die fragil geworden ist, neu zu nähern.

„Im Klännö ischt das Gröoscht vrborgo", wie Susanne Türtscher in ihrem melodiösen Alemannischen sagt: Im Kleinsten liegt das Größte verborgen. Ihr Credo. Und da ist es dann wieder: das Verborgene, das Geheimnis, dem Susanne Türtscher schon seit Kindesbeinen und den Sommern auf der Alpe Klesenza auf der Spur ist. An ihm und an den Kräutern wächst sie. Noch sind längst nicht alle Rätsel gelöst. Und vielleicht ist das auch gut so.

Seite 84–88: Sehr viel gibt es zu entdecken, wenn man mit Susanne Türtscher in der Bergwelt Vorarlbergs unterwegs ist. Sie selbst ist bei ihrer Beschäftigung mit dem Wesen der Kräuter vor allem von den zahlreichen Verbindungen zwischen Natur, Mythologie und Heilkunde fasziniert.

Tisch, Pfanne und Löffel

Kulinarische Grenzgänge am Krimmler Tauern

Auf der Umbrückler Alm hockt a Kasermandl
Des hockt ganz verstohln hinter an Eisenpfandl.
A gonz a kloans Mandl, des kocht dir a Muas
Und wenn davon ißsch, hasch des Gsicht voller Ruas.

Volkslied

Morgen ist es wieder so weit, morgen gibt's bei den Obermairs die berühmten Topfnudeln. Die Nachricht läuft von Hütte zu Hütte. Einundzwanzig Almen zählt man im Krimmler Achental, acht von ihnen gehören Südtiroler Bauern. Josef Obermair ist einer von ihnen. In jedem Frühling bringt er seine Rinder von St. Jakob im Ahrntal auf die Salzburger Schachenalm, die seit Jahrhunderten Teil seines Hofes ist. Wenn die Einladung zu den Topfnudeln die Runde macht, weiß man, dass der Sommer vorbei ist und die Almabfahrt naht: Tags darauf werden die Tiere über den Krimmler Tauern in die heimatlichen Ställe zurückgetrieben. Zuvor aber versammeln sich Hirten, Sennerinnen und Nachbarn in der Almhütte der Familie Obermair. Da sind auch die Geislers mit dabei, Vater Adolf und Sohn Friedl, die Besitzer vom Krimmler Tauernhaus.

Friedl ist Koch, ihm haben die Obermairs das Rezept für die Topfnudeln verraten. „Mit Topfen, wie viele meinen, haben sie nichts zu tun", erklärt er. Im Gegenteil: Die Topfnudeln sind richtig gehaltvoll, um nicht zu sagen: fett. Nichts für Leute, die Kalorien, Kilojoule oder gar Erbsen zählen. Zuerst kommt Mehl in eine Holzschüssel. Dann gießt man Butter und warme Milch mit etwas Salz an und knetet das Gemisch zu einem festen, zähen Teig. Wenn das Schmalz im Topf über dem offenen Feuer zu brodeln beginnt, greift sich jeder der Gäste einen Teigbatzen, rollt ihn zu einer Kugel und schmeißt ihn ins heiße Fett. Wenig später ist das Gebäck leicht goldbraun, wird herausgenommen und in Butter

getränkt. Und jetzt ab in den Mund. „Mehr als drei oder vier solcher Topfnudeln schafft man nicht, die hauen einen um", meint Friedl Geisler. Klar, dass bei einem Essen wie diesem einiges an Schnaps fließt. Das Lachen und Singen schallt weit über die Hüttentür hinaus.

An solchen Abenden werden auf der Schachenalm Hunderte von Topfnudeln herausgebacken. Den Großteil davon packt man in der Morgendämmerung in die Rucksäcke. Die Südtiroler haben eine weite Strecke vor sich: hinauf auf den mehr als 2600 Meter hohen Krimmler Tauern und hinunter nach Kasern im Ahrntal, ein Marsch von zwölf Stunden, je nach Witterung und Bedingungen auch mehr. Da geben die Topfnudeln Kraft. Was übrig bleibt, landet daheim auf den Tellern: eine seltene Delikatesse.

Die Topfnudeln isst man nur hier hinten im Tal, so Friedl Geisler, die haben die Almbauern aus dem Ahrntal in die Region gebracht. Unten in Krimml, dem Talort am Fuß der berühmten Wasserfälle, kennt man sie nur vom Hörensagen. Friedl und seine Familie – seine Frau Gundi, die vier Kinder und die Eltern Franziska und Adolf – sind mit den Südtirolern und deren kulinarischen Vorlieben schon lange vertraut. Die Geislers haben das Krimmler Tauernhaus 1906 erworben und führen es nunmehr in der fünften Generation. Auf die Geschichte des Ortes ist man stolz: Seit 1386 ist das Tauernhaus urkundlich belegter Stützpunkt auf der Route vom Norden in den Süden Europas.

Seite 92/93: Nicht weniger als einundzwanzig Almen zählt man im Krimmler Achental, an dessen Ende sich der historisch bedeutsame Übergang ins Südtiroler Ahrntal befindet.

Rechts: Bereits in der fünften Generation bewirtschaftet die Familie Friedl Geislers das Krimmler Tauernhaus, das bereits im 14. Jahrhundert erstmals urkundlich erwähnt wird.

Links und oben: Schon lange vor Sonnenaufgang ist Friedl Geisler bereits im Stall bei seinen Tieren. Das Krimmler Tauernhaus ist heute der einzige Bauernhof auf dem Gebiet des Nationalparks Hohe Tauern. Zu dem kleinen Almdorf gehört auch eine Kirche.

Das Krimmler Tauernhaus

Schon in der Bronzezeit, so vermutet man, dienten Almen als Anlaufstelle für Händler und Hirten, die in den Bergen unterwegs waren. Hier fand man Unterschlupf und Verpflegung, hierhin konnte man sich flüchten, wenn man bei Wind und Wetter ein sicheres Dach über dem Kopf suchte. Schon die Kelten benutzten den Pfad über den Krimmler Tauern, die Römer bauten die Route weiter aus. Im Mittelalter versah der Bischof von Salzburg das Tauernhaus mit einem Deputat. Eine Metze Getreide war der Verdienst für zwölf Monate Arbeit: ein Bottich in der Größe von etwa sechzig Litern. Wer auf mehr als 1600 Metern Seehöhe Dienst tat und sich dafür mit etwas Korn bezahlen ließ, bekam verantwortungsvolle Aufgaben übertragen. Der Übergang musste ganzjährig offen sein und die Wege markiert und instandgehalten werden. Zudem hatten die Tauernwirte die Reisenden zu verköstigen: Hirten, Bauern und Jäger, Beamte, Kuriere und Soldaten, Seelsorger, Pilger und Abenteurer, aber auch Künstler wie die berühmten Maler aus dem Fassatal, die sich in einer der Stuben des Tauernhauses verewigt haben.

Der Pass war nur zu Fuß begehbar. Ohne die Pferde wäre der Warentransport unmöglich gewesen. Den Haflingern und Norikern, manchmal auch den Pinzgauern, wurden Lasten von bis zu hundertvierzig Kilogramm aufgeladen, die sie von Krimml bis ins Ahrntal schleppten. Auf diese Weise gelangte Salz aus Oberösterreich und Salzburg nach Südtirol und Oberitalien, das man dort gegen Wein, Branntwein und Gewürze eintauschte. Es sei schon auch geschmuggelt worden, erinnert sich Adolf Geisler, aber ob man das zu den Straftaten zählen kann? „Schmuggeln war überlebenswichtig", verteidigt er die eine oder andere illegale Grenzpassage. Die Almbauern dieser Gegend besaßen nie viel, nach den Weltkriegen war der Hunger quälend. Also zog man des Nachts ins Ahrntal und kehrte mit einem Sack Reis oder Polenta zurück.

Mit dem Anschluss Österreichs war das Tauernhaus 1938 aus seinen Verpflichtungen entlassen. Verkehr und Handel liefen zusehends mehr über den Brenner und andere gut ausgebaute Pässe und Bahnlinien. Der Saumverkehr kam zum Erliegen. Bis man sich 1947 der Route besinnt. Jene Juden, die nach 1945 aus den Konzentrationslagern in ihre Häuser oder Wohnungen in Ungarn, Rumänien oder Polen heimkehren wollten, haben alles verloren:

Seite 98/99: Dank der umsichtigen Hüttenbetreiber blieb die Stube trotz aller sonstigen Modernisierungen seit jeher von Umbauarbeiten verschont.

Links: Dass die gesamte Familie am Esstisch Platz nimmt, geschieht bei vollem Betrieb eher selten.

Oben: An den Wandvertäfelungen haben auch Reisende aus dem benachbarten Fassatal ihre künstlerischen Spuren hinterlassen.

Familie, Freunde, oft auch Haus und Hof und damit ihre wirtschaftlichen Grundlagen. Traumatisiert vom Grauen des Holocaust, stellen sie auf schmerzhafte Weise fest, dass sie in ihrer früheren Heimat nicht mehr willkommen sind. Die Erfahrung des neuerlichen Antisemitismus und die Hoffnung auf ein besseres Leben in Palästina treibt viele in die Emigration. Zwischen 1945 und 1949 machen sich 250.000 Juden auf, um illegal aus Osteuropa in die westlichen Besatzungszonen zu fliehen. Österreich wird zur Drehscheibe eines Exodus, dem sich wachsende Hürden in den Weg stellen. Die Briten, die in Palästina ein Mandat halten, geben Anweisungen, den Flüchtlingsstrom zu stoppen. Bald schon haben die französischen Besatzungsmächte, die in Tirol und Vorarlberg stationiert sind, die Bitte und Aufforderung am Tisch, die Grenze zu Italien unnachgiebiger zu observieren.

Allein die Amerikaner dulden die Route über die Alpen auch weiterhin. Entsprechend überfüllt sind die Salzburger Lager für *Displaced Persons*, wie sie genannt werden. Als die Franzosen die Strecke über Brenner und Reschen strenger überwachen, hat man im Frühjahr 1947 die Idee, die jüdischen Flüchtlinge über den Krimmler Tauern nach Südtirol zu schleusen: Vom Ahrntal aus würde es nach Genua weitergehen und per Schiff übers Mittelmeer ins Gelobte Land.

Das Prozedere, das von der jüdischen Flüchtlingsorganisation Bricha entworfen und durchgeführt wird, gehorcht einem festen Muster: Dreimal in der Woche, jeweils in der Nacht, stehen Lastwagen bereit, um eine Gruppe von je zweihundert Personen nach Krimml zu bringen. Dort steigen die schlecht ausgerüsteten und im Bergsteigen unerfahrenen Familien ins Achental auf. Vier, oft fünf Stunden später, am Morgen also, erreichen sie das Tauernhaus, wo sie von Liesl Geisler erwartet werden. Ihr Mann hat zu diesem Zeitpunkt die von Bricha bereitgestellten Lebensmittel bereits mit seinem Pferdefuhrwerk nach oben transportiert. Nun stellt sich Liesl Geisler in die Küche, um die entkräfteten Wanderer mit Tee, Suppen und Eintöpfen zu versorgen und sie auf die Schlafplätze im Lager, auf den Bänken oder am Boden zu verteilen. In der darauffolgenden Nacht sieht sie ihnen bangen Herzens zu, wie sie wieder aufbrechen, um den langen Marsch ins Ahrntal zu beginnen. „Die Oma hat eben nie weggeschaut", weiß Enkel Friedl. Zwischen dreitausend und fünftausend Menschen – die genauen Zahlen lassen sich schwer eruieren – schafften es, via Krimmler Tauern nach Palästina zu flüchten. Die Ehrung für ihre Menschlichkeit, die Liesl Geisler von der *Jewish Agency for Israel* zuerkannt wurde, war ein Zeichen der Dankbarkeit für diese mutige Frau und lässt auch ihre Enkel voller Stolz auf sie zurückblicken.

Wassermassen jagen übers Gestein. Ein Dröhnen, Toben und Tosen liegt in der Luft. Die Gischt sprüht. Über drei Felsvorsprünge stürzt sich die Krimmler Ache in die Tiefe, in einer Fallhöhe von 385 Metern. Ein laufend bestauntes und bewundertes Spektakel. Krimml besitzt riesige Parkplätze. Dort fahren unentwegt Busse und Autos vor. Touristen strömen zu den Aussichtsplattformen, um die Fluten aus allen Perspektiven zu beobachten, zu fotografieren und filmen. Ein Steig duckt sich an den Hang. Es ist dunkel und feucht, das Brausen übertönt die Gespräche: Nun ist allein das Wasser am Wort, mit seinen wilden, ungebändigten Schreien und Melodien. Nach knapp vierhundert Höhenmetern wird es leiser. Das Tal öffnet sich, breite Almwiesen ziehen südwärts Richtung Gletscher und Krimmler Tauern. Die Landschaft hat fast schon etwas Liebliches, auch die Ache gibt sich zahm. Als munteres Bächlein sprudelt sie über die Hochebene. An ihrem Ufer stehen die Angler. Das Gebiet gilt als Eldorado für Fliegenfischer. Äschen, Bachforellen, Saiblinge brauchen sich nicht zu fürchten, „catch and release" ist die Devise: Was gefangen wird, landet wieder im Fluss.

Eine geschotterte Fahrstraße schlängelt sich durchs Grün. Almen säumen sie wie Wegmarken: die Veiten Alm, die Hölzlahner Alm, die Söllnalm. Auf Schiefertafeln sind die hausgemachten Spezialitäten aufgelistet. Nocken und Schmarren mit selbstgepflückten Heidel- und Preiselbeeren, Pfifferlinge und Steinpilze mit Nudeln oder Polenta. Und natürlich Berg- oder Graukäse in verschiedensten Variationen: in Spatzeln, Knödeln oder am Holzbrett mit Butter und Brot. Anklänge an den Speisezettel der Sennerinnen und Hirten von früher.

Viel Abwechslung gab es damals nicht. Fast alles, was in den Pfannen und auf dem Tisch landete, wurde selbst hergestellt, gesammelt oder gefangen. Butter, Buttermilch, Sauermilch und Käse kamen aus den eigenen Sennereien, Pilze und Beeren aus

den nahegelegenen Wäldern, Kräuter von den Wiesen rund ums Haus, Forellen holte man sich aus den Gebirgsbächen. Und wer mit den Jägern gut stand und ihnen regelmäßig ein Stück Käse zusteckte, dem fiel das eine oder andere Stück Wild zu.

Ansonsten blieb der kulinarische Alltag recht bescheiden. Grundnahrungsmittel wie Speck und Schweineschmalz, Zucker, Mehl, Salz und Gewürze brachte man in Rucksäcken – manchmal auch Truhen – auf den Berg, zusammen mit ein paar Hühnern, die für frische Eier sorgten. Ein Säckchen Polenta, eine Dose mit Malzkaffee und eine Flasche Schnaps waren oft mit dabei, im besten Fall noch ein paar Saatkartoffeln und Salatpflanzen, die, so es Höhe und Witterung zuließen, in einem kleinen Garten neben der Hütte gedeihen sollten. Die ersten eigenen Erdäpfel im August, mit etwas Butter und Salz: ein Hochgenuss. Dazu der Käse aus der jeweiligen Region: Berg- und Graukäse in Vorarlberg, Salzburg und Tirol, der deftig-würzige Steirerkas im Ennstal, der Glundner Käse in Kärnten oder der Schotten im Pinzgau und

Rechts: Der saftige Almboden zieht sich fast bis zu den steil aufragenden Felsmauern der Dreiherrenspitze.

Seite 107: Wohlverdiente Rast direkt unter der berüchtigten Eiswand der Dreiherrenspitze

Gailtal. Die Küche war bodenständig und musste satt machen: Suppen aus Sauerrahm, Buttermilch und Käse, manchmal mit Gerste oder Pilzen, Sterz, Polenta oder Schmarren. An Festtagen oder beim Almabtrieb freute man sich umso mehr auf die Krapfen, Kiachln, Nigelen und Strauben. Oder auch auf Almraunggerln, ein Schmalzgebäck aus Mehl, Zucker, Butter und Sauerrahm.

Viele der alten Rezepte leben heute in der Erinnerung und in Kochbüchern weiter. Die meisten Almen sind mit Autos oder Geländewagen erreichbar. Entsprechend einfacher ist die Belieferung der Jausenstationen, entsprechend üppiger sind die Menükarten bestückt. Oft schon zu gut und zu reichhaltig, mit allerlei Gerichten, die weite Wege hinter sich haben, ehe sie auf der Alm landen.

Natürlich gibt es bei ihm auch frische Buttermilch, erklärt Friedl Geisler. Doch die trinkt meist nur die Familie. Die Gäste sind den Geschmack nicht mehr gewohnt, die kleinen Klümpchen, den säuerlichen Grundton, der stärker ist als alles, was man aus den Tetrapaks gewohnt ist. Die Essgewohnheiten haben sich verändert. Wer will schon jeden Tag Mus? „Ich mues hinfuer derwelcken/Kauft ich mir nit ain Kue", dichtete Oswald von Wolkenstein um 1435. „Damit ich hab zu melken/Ain Muas des Morgens frue." In den Almhütten gab es früher fast täglich Muas, meist aus Mais-, Hafer- oder Gerstenmehl zubereitet und mit Käse oder Speck, aber auch mit Beeren und Zucker in einer großen Pfanne serviert. Jeder hatte seinen eigenen Holz- oder Hornlöffel, mit dem er kräftig zulangte. Und nicht nur der Minnesänger Oswald von Wolkenstein preist das Mus, auch das bekannte Volkslied vom Kasermandl auf der Umbrückler Alm erzählt davon.

Auf der Umbrückler Alm hockt a Kasermandl
Des hockt ganz verstohln hinter an Eisenpfandl.
A gonz a kloans Mandl, des kocht dir a Muas
Und wenn davon ißsch, hasch des Gsicht voller Ruas.
Ja, und den bringsch nimmer weg, da kannsch tuan, was du willsch,
Wenn du nit in die Schüssel an Weihbrunnen füllsch.
Vor allen bösen Geistern und bösen Weibern und alls sölls Zuig,
Was umalaft, verschon uns in Ewigkeit, Amen.

Das Melcher-Muas ist einer der Klassiker der Almküche geblieben: Mehl in Butter anrösten, mit etwas Milch und Salz dick einkochen lassen, bis eine helle Einbrenn entsteht. Nochmals etwas Milch dazu und rühren, bis eine dicke Masse entsteht. Diese vorsichtig anbraten. Den Teig wenden und die zweite Seite backen. Das Muas soll rundum knusprig sein, darf aber nicht am Pfannenboden kleben. In Stücke teilen und mit Preiselbeerkompott servieren.

Eines der Leibgerichte in der Familie Geisler. „Hoaßmuas" nennt man es bei ihr, weil das Mehl mit heißem Wasser angegossen wird. Die Kinder lieben es mit Apfelmus oder Heidelbeeren, Friedl bevorzugt die herzhafte Variante und fügt Erdäpfel dazu. „Das Hoaßmuas ist eine Hauptspeise", erklärt Friedl, „da ist viel Butter drin. Das war für Leute, die hart gearbeitet haben." Für seine Gäste hat er das Rezept etwas abgewandelt, damit es leichter wird und besser zu unseren Ernährungsgewohnheiten passt. Friedl verwendet fast ausschließlich Produkte aus der eigenen Landwirtschaft und Sennerei. Man soll riechen und schmecken, wo das Tauernhaus liegt: umgeben von Almweiden, auf denen glückliche Rinder und Schweine grasen. Das ist ihm wichtig, grade auch, weil er die Ressourcen dieses Tales respektiert und sich ihnen in seiner Lebensweise anpasst.

Die Menükarte spiegelt diesen Anspruch, selbst wenn einige der wirklich traditionellen Gerichte nur auf Vorbestellung zu ordern sind. Die Germplatteln etwa, die man hier mit Sauerkraut oder Preiselbeeren isst, oder die „Oischneid-Nidei": Um diese zuzubereiten, werden aus einem Erdäpfelteig Rollen geformt, fingernagelgroße Stücke abgeschnitten und in Schmalz herausgebacken. Die Kaspressknödel hingegen kommen regelmäßig auf den Tisch. Sein Graukäse schmecke fast schon wie eine Art Gorgonzola, meint Friedl. Eine Reverenz an seine Freunde, die Südtiroler? Kann gut sein.

Das Essen auf der Alm: grenzüberschreitend, auch das. Eine Scheibe Schwarzbrot, dick mit Butter bestrichen und darüber eine Stück Käse. Und dann die Bank vor der Hüttentür, das Panorama, das Gebimmel der Kühe oder Schafe. Sonst noch Wünsche? Keine.

ACT TRAIL 3

„Booodn!“

Das Kärntner Karlbad, oder: Die Touristen kommen!

Regenwasser
in den Trittspuren der Kühe.
Ratlose Fliegen
nah am November.

Günter Eich, Verlassene Alm

Die Hexenküche. So könnte sie aussehen: eine düstere Kammer, die Wände aus Steinen gemauert, von finsteren Holzdecken und Vertäfelungen umschlossen. Nebel wabert durch den Raum. Ein Zischen und Brausen ist zu hören, ein Wummern, ab und zu auch ein dumpfer Knall. Es ist schwül und stickig, der Atem geht schneller. Bis sich Dunst und Feuchtigkeit langsam setzen und die Konturen von fünfzehn Badezubern aus dem Dampf tauchen. Und mit ihnen ein junger Mann, eine Gabel in der Hand. Hans-Jörg Aschbacher hat gerade erst eine Ladung fast glühende Steine in einen mit Wasser gefüllten Holztrog geworfen: auf dass die tausend Grad heißen Felsbrocken das eiskalte Wasser erhitzen und dabei Heilkräfte freisetzen. Wer nun in eine der Wannen steigt und dort mindestens dreißig Minuten ausharrt, gesundet, so erzählt man sich. Darauf schwören viele.

Zauberwerk? Seit mehr als dreihundert Jahren gilt das Karlbad im Kärntner Nockalmgebiet als Inbegriff alpinen Kurens. Nahe einer Quelle auf 1693 Metern Höhe suchten die Bauern nach Linderung ihrer Schmerzen, wenn sie Ischias, Gicht und Rheuma plagten. Kaum war das erste Heu eingebracht, hatten sie etwas Zeit, um nach den Tieren auf den Bergweiden zu sehen, die Sennerinnen und Hirten zu besuchen und sich dabei das eine oder andere Bad zu gönnen. Bis sie die zweite Mahd auf den Hof zurückrief. Kurzurlaub würde man das heutzutage nennen, oder auch Wellness auf der Alm.

Früher einmal mussten die Bauern stundenlang heraufwandern, ehe sie den Ort erreicht hatten, wo das wundersame Heilwasser aus dem Almboden plätscherte. Hier, direkt neben einer Schwaig, wie die Melkalmen heißen, badete man unter freiem

„Boooodn!“

Das Kärntner Karlbad, oder: Die Touristen kommen!

Himmel. Bis Ende des 18. Jahrhunderts ein erster bescheidener Kurbetrieb entstand, den die Familie Aschbacher 1845 übernahm. Als man im Sommer 1981 die Nockalmstraße eröffnete, wurde der Landstrich mit seinen sanften Bergen und Almböden einer wachsenden Touristenschar zugänglich gemacht. Seither ist auch das Karlbad über die Grenzen der bäuerlichen Welt hinaus bekannt.

Bach und Quelle sind der Schatz der Aschbachers geblieben, die sommerliche Existenzgrundlage, nunmehr in der neunten Generation. Eigentlich bewirtschaftet die Familie einen Bauernhof in Radenthein. Wenn die ersten Tiere bergwärts ziehen, packen Georg und Margarete Aschbacher ihre Koffer. Zusammen mit Sohn Hans-Jörg und Schwiegertochter Mojca übersiedeln sie in die Almregion rund um die Nockberge. In einer Senke zwischen der Eisentalhöhe und dem Königstuhl steht ihre eigenwillige Kuranstalt, eine Mischung aus Hof und Almhütte. Ende des 19. Jahrhunderts hat das Gebäude sein jetziges Aussehen bekommen: weiß gekalkte Mauern, im Wohntrakt mit verwittertem Holz verkleidet; kleine Fenster und schmale Türen unter dem Dachstuhl mit den winzigen Luken. Hinter den Balkonen liegen einfache Stuben und Zimmer, etwas dunkel, aber gemütlich. Nach Lampen oder Steckdosen sucht man vergeblich. Es gibt keinen Strom. Das ist Teil der Philosophie. Kuren wie anno dazumal, ohne das Übermaß an Annehmlichkeiten moderner Zeiten: Darauf setzen die Aschbachers aus Überzeugung. Im Keller sprudelt die kostbare radonhaltige Quelle. Man hat sie gefasst und leitet das Wasser auf Holzrinnen in die Badestube. Direkt neben dem Haus braust der Bach durchs Karl, das kleine Kar: So erklärt sich der Name des Ortes, wie man vermutet.

Das Tagwerk des Bademeisters beginnt früh. Schon um 5.30 Uhr beobachtet man Hans-Jörg Aschbacher, wie er am Ufer des Karlbachs Steine aufliest und zum Heizraum befördert. Dort schichtet er sie zusammen mit Lärchenscheitern zu einem Haufen, dem *Gromatn*, den er mit Kien anfeuert. Während das Holz abbrennt und das Gestein immer heißer wird, reinigt er die fünfzehn Badezuber, aus Stämmen herausgehackte Wannen. Sie werden nun mit Quellwasser gefüllt. Nach zwei Stunden glühen die Felsbrocken. Hans-Jörg Aschbacher lädt sie in Zirbenschwingen, schleppt sie in die Badestube und schmeißt sie ins Wasser. Durch die plötzliche Abkühlung zerspringen die Steine und setzen Mineralien wie Schwefel und Eisen frei: ein archaisch anmutender Vorgang, eine Metamorphose der besonderen Art.

Wenn das Wasser auf vierzig Grad erwärmt ist, packt Hans-Jörg Aschbacher eine Gabel, um die erkalteten Brocken aus den Trögen zu holen und sie neuerlich zum Bachbett zu verfrachten. Jetzt können die Kurgäste kommen, die Bäder sind bereit. Die Besucher, die hierher pilgern, wissen, worauf sie sich einlassen: Im Karlbad erwarten sie Gesundheitsferien der besonderen Art, einfach, bodenständig, ohne jeden Luxus. Sieben Doppelzimmer werden vermietet, getäfelte Kammern, zweckmäßig eingerichtet. Nichts für Langschläfer im Seidenpyjama. Ab sieben Uhr früh herrscht Gedränge am Gang. Bis zu vierzehn Damen und Herren teilen sich Waschbecken und Toilette und sitzen dann, schlaftrunken in ihre Bademäntel eingemummelt, am Frühstückstisch: Man ist schnell miteinander vertraut. Der Häferlkaffee, händisch aufgebrüht, macht munter, auch die dick mit Almbutter und Heidelbeermarmelade bestrichenen Schwarzbrotscheiben. Langsames Wachwerden. Bis gegen acht das Kommando in die Küche dringt: „Boooodn!"

Auf geht's. Aus den Zubern dampft es. Ein Zögern beim Hineinsteigen: Die Temperatur des Wassers treibt vielen die Schweißperlen auf die Stirn. Hans-Jörg Aschbacher mahnt zur Langsamkeit und behält seine Schützlinge im Blick: Besser, man geht es maßvoll und gemächlich an. Gläser und Karaffen mit Quellwasser stehen bereit, für den Fall, dass der Kreislauf verrücktspielt. Wenn die vierzehn Gäste in den Trögen liegen, wer-

Seite 110/111: Das traditionelle Badehaus liegt direkt an der Nockalm-Panoramastraße.

Seite 112: Für die Familie beginnt der arbeitsreiche Tag bereits um 4 Uhr früh, denn nicht nur die Badegäste wollen versorgt sein.

Seite 114/115: Die alte Stube ist das Herzstück der geschichtsträchtigen Hütte.

Am guten
Alten
in Treue
halten
am kräftigen
Neuen
sich stärken
und freuen
wird niemand
gereuen.

sollst du in allen Sachen
den Anfang
und das Ende machen!

Oben: Nur Lärchenholz liefert genug Wärme zum Aufheizen des Wassers.

Darunter: Bei der Berührung der heißen Steine mit dem eiskalten Bachwasser zischt es wie in einer Hexenküche.

Rechts: Keine Sorge! Auch wenn es etwas bedrohlich aussieht: Das Haus brennt nicht nieder, es wird lediglich geheizt für den Badebetrieb.

„Boooodn!“

Das Kärntner Karlbad, oder: Die Touristen kommen!

den die Wannen mit Brettern abgedeckt, bis nur mehr die Köpfe herausragen. Nun ist jeder sich selbst überlassen. Wer sich gewöhnt hat an die Hitze, der versinkt im Wohlbefinden und driftet weg. Ruhe kehrt ein. Ab und zu ist ein Seufzer zu hören, Zeichen des Genusses und der Zufriedenheit. So möchte man bleiben, von der Wärme umhüllt, vom Wasser umschmeichelt.

Doch die gefühlte Ewigkeit dauert nur dreißig Minuten. Nach spätestens einer Stunde verscheucht Hans-Jörg Aschbacher die letzten Tagträume. Raus mit euch aus dem Wasser! Einmal kurz abrubbeln und dann nochmals ins Bett, das Baden strengt an. Ein paar Konditionsstarke trotzen der Müdigkeit und legen sich in den eiskalten Bach, um hellwach zu sein für alles, was der Tag bringt: eine Wanderung auf die Stangalm oder auf den Großen Königstuhl, einen der schönsten Aussichtsberge weit und breit. Am Abend trifft man sich in der Stube, die Petroleumlampe verbreitet schwaches Licht, Kerzen brennen. Die Speisen, die aufgetragen werden, sind am Holzherd gebraten und gegart: Kärntner Kas- und Fleischnudeln, Schweinsbraten, Hirschgulasch oder Tafelspitz, gefolgt von Kletzennudeln oder Oma Aschbachers Reindling. Jetzt wandern die Spielkarten auf dem Tisch – oder auch nicht. Viele wollen nur sitzen und reden. „Unsere Gäste suchen die Entspannung und sind froh, wenn das Handy aus bleibt und die Internetverbindung tot. Kein ständiges Herumdrucken mehr auf den Kast'ln." Entsprechend leichter kommt man ins Gespräch. Und damit zu sich und seinen eigentlichen Bedürfnissen zurück.

Almregionen sind wichtige Erholungsgebiete und von einer stetig wachsenden Zahl von Wanderern besucht. Jausenstationen und Sennereien bringen Geld, das wissen die Almbesitzer zu schätzen. Der selbstproduzierte Käse, die Kuchen mit den Beeren der Umgebung, der Holundersaft oder die Schnäpse aus den Kräutern der umliegenden Wiesen: Produkte, deren Herkunft nachvollziehbar ist, boomen mehr denn je. Darauf lässt sich setzen, zur Freude aller, die Almen betreiben und so für den Landschaftsschutz sorgen.

Doch damit nicht genug: In der Zwischenzeit haben auch die Tourismusmanager das wirtschaftliche Potential der Almen entdeckt und versuchen die vielversprechenden Einnahmequellen gewinnbringend zum Sprudeln zu bringen: Pseudo-Almhütten auf Schipisten und neben Bergbahnstationen, Dirndl und Lederhose als Accessoire einer laut inszenierten Almseligkeit, industriell gefertigter Bergkäse auf rustikalen Holzbrettchen serviert. Es gibt Fremdenverkehrsorte, die mit dem „Almdiplom" punkten und den Feriengästen ein Zertifikat ausstellen, wenn sie an einem mehrstündigen Sennerei-Kurs teilgenommen haben; es gibt Hiasls Almmatura, eine Einführung in den Alltag der Hirten und Sennerinnen, wie man sie im Kärntner Hochrindl propagiert. Drei Stunden oder auch einen Tag lang, je nachdem, wie man sich's wünscht, werden Kühe gemolken, Pflanzen bestimmt und Speck verkostet. Eine Urkunde bestätigt die Alm-Reife. Ähnliches versuchen Hotels mit dem Angebot eines eilfertigen Alm-Butlers: Er begleitet die Urlauber auf ihren Wanderungen und öffnet ihnen so, als gut gelaunter Spaßvogel im Lodenjanker, die Augen für Bergschönheiten und Freizeitspäße verschiedenster Art.

Vor allem aber boomen die Almdörfer. Ansammlungen kleiner Holzhütten, wie Ferienwohnungen gestaltet, sollen den Gästen das Gefühl geben, ein Stück alpiner Ländlichkeit zu leben, wenn auch in höchst komfortablem Ambiente. Die Häuschen spiegeln das Bedürfnis der Menschen wider, sich in eine (angeblich) idyllische Welt zu flüchten. Dass diese „Almen" nicht mehr sind als die Ideen findiger Hoteliers, die das Wort „authentisch" pervertieren und ins Lächerliche treiben, spiegelt die Ausstattung solcher Ferienanlagen. Sie biedert sich an ein „Seinerzeit" an, das mit der Alm-Realität wenig zu tun hat. Der Lärchenzuber im Bad, die Dusche und die Sauna aus duftendem Zirbenholz, Stuben mit offenem Kamin, das Himmelbett, der begehbare Kleiderschrank. Eine dekorative Bibliothek in jeder Hütte, ein gut bestückter Wein-, auf Wunsch auch ein Champagnerkeller und ungezählte hilfreiche Geister, die den Bewohnern der luxuriösen Domizile jeden Wunsch von den Augen ablesen. Die gewünschte Tageszeitung zum Frühstück ist dabei noch eine kleinere Übung. Der Kunde ist König.

Kein Strom, die lokale Küche, ein Bauernbad wie vor Hunderten von Jahren: Daran halten die Aschbachers fest. Ihr Erfolgsrezept hat sich bewährt. Ein Großteil der Besucher sind Stammgäste. Man schwört auf die Kraft des Wassers und der Steine, auf die Segnungen der Höhenluft und auf die Spaziergänge über die Almböden rund ums Haus. Sieben, besser zehn Badegänge sollten es

schon sein, meint Hans-Jörg Aschbacher, wenn man sich wirklich etwas Gutes tun will, und beruft sich dabei auf Chroniken, die mit der heiligen Zahl sieben spielen: „Man braucht mindestens 7 Bäder, um eine Wirkung zu spüren", liest man in einer alten Werbebroschüre, die das Baden bei Gicht, Rheuma, Darmträgheit oder auch Hautausschlägen anpreist, „15 stellen den Kranken vollständig her, 21 heilen alte Gichtleiden und 27 machen auch Krüppel so frisch, dass sie an Kirchtagen tanzen können."

Große Versprechungen. Die Aschbachers müssen viele Anfragen ablehnen. Wartezeiten von einem Jahr sind keine Seltenheit, die wenigen Zimmer sind lange im Voraus gebucht. Wenn der erste Badegang gegen neun Uhr zu Ende ist, putzt Hans-Jörg die Zuber und beginnt nochmals von vorn: Jetzt sind all jene dran, die auswärts wohnen und hier nur kuren. Gegen Mittag sind auch sie abgezogen. Da ist Hans-Jörg Aschbacher rechtschaffen müde und macht doch weiter: Auch in der Gastwirtschaft gibt's zu tun.

Die Arbeit im Karlbad ist hart und geht an die Substanz. Hundertfünfzig Tonnen Gestein müssen jeden Sommer geschleppt werden, dazu hundertzwanzig Festmeter Holz von der Tangerner Alm, die der Familie zusammen mit einigen anderen Bauern gehört. Vierzig Kilo wiegt jede der Zirbenschwingen, in denen die glühenden Felsbrocken in die Badestube getragen werden. Den Betrieb Tag für Tag am Laufen zu halten, ist ein Knochenjob, im wahrsten Sinn des Wortes. Ob ihm selbst eine Kur nicht auch guttun würde? „Keine Zeit!", lacht Hans-Jörg Aschbacher. Bleibt nur die Hoffnung, dass ihn einer seiner Söhne dereinst entlasten wird. Am besten bevor ihn seine Gelenke im Stich lassen.

Im Herbst, wenn die Touristen abgezogen sind und das Vieh wieder in den Ställen unten im Tal steht, lädt Hans-Jörg Aschbacher die Sennerinnen und Senner, Hirten und Wirte der Nachbaralmen zu einem Badegang ein. Da geht es heiß her. Wie war der Sommer? Habt ihr Tiere verloren? Der unerwartete Schnee im Juli, die schwülen Tage im August mit den lärmigen Wandergruppen aus Italien. Der Wolkenbruch, der die Ufer des Friesenhalssees überflutet hat. Erinnerungen machen die Runde, Tratsch und Geschichten. Und wenn Vater Georg dann noch sein Akkordeon auspackt, wird die Nacht lang. Alm-Kehraus.

Am nächsten Tag reinigt Hans-Jörg Aschbacher die Wannen besonders gründlich. Er schließt die Fensterläden und macht sein Haus dicht. Nun können Kälte und Sturm übers Dach jagen, der Schnee wird alles zudecken.

Ende Oktober, wenn sich die Murmeltiere in die Höhlen zurückgezogen haben, gehen die Schlagbalken bei den Mautstellen der Nockalmstraße herunter. Dohlen kreisen über den mageren Wiesen, die Lärchen werfen ihre Nadeln ab, die letzten Beeren verdorren im Frost. *Verlassene Alm*, wie es in einem Gedicht von Günter Eich heißt.

Regenwasser
in den Trittspuren der Kühe.
Ratlose Fliegen
nah am November.

Der rote Nagel wird den Wind nicht überstehen.
Der Laden wird in den Angeln kreischen,
einmal an den Rahmen schlagen,
einmal an die Mauer.

Wer hört ihn?

Der Winter legt Stille über den Landstrich. Alles schläft. Doch irgendwo, weit hinten, jenseits der sieben Berge, Hügel und Nocken, wartet der Frühling. Und mit ihm auch der nächste Almsommer. Welch Glück.

Seite 118/119: Nun haben die schweren Steine die richtige Temperatur. Noch rot glühend werden sie ins Wasser geworfen.

Seite 120: Jetzt fehlen nur noch die Badegäste: „Boooodn", tönt es aus Hans-Jörg Aschbachers Mund.

Seite 122/123: Baden heißt entspannen. Bis zu 40 Minuten darf man im heißen Wasser bleiben.

Seite 125: Heißes Wasser am Körper und einen kalten Schluck zum Ausgleich, das soll Gesundheit und Wohlbefinden bringen.

Hundert Almtipps, oder: Die Qual der Wahl

Nur einige der schönsten Almen Österreichs

Prächtige Hochweiden, urige Hütten, kulturhistorische Besonderheiten oder familientaugliche Wanderrouten: Es gibt vieles, was an einer Almwanderung begeistern kann. Die Liste mit den hundert Tipps ist nicht mehr als ein Versuch, den Zauber dieser Landschaften einzufangen – und der Wunsch an die Leserinnen und Leser, ihre eigenen Entdeckungen zu machen.

Hinweis: Da die Hirtinnen und Hirten, Sennerinnen und Senner, Pächterinnen und Pächter der Almhütten immer wieder wechseln, können sich auch die Telefonnummern schnell verändern. Die Gehzeiten variieren natürlich je nach Tempo und Kondition. Und für jene, die es bequemer haben wollen oder nicht mehr so gut zu Fuß sind, finden sich Almen, die man leicht mit dem Auto oder Wanderbus erreichen kann.

Kärnten

Lainacher Kuhalm: Die Hütte liegt in der Gemeinde Rangersdorf in Kärnten oberhalb der Ortschaft Bad Lainach auf einer Seehöhe von 1450 m. Die Milch von bis zu 30 Kühen wird von den Sennleuten gemolken und zu einem besonders würzigen Bergkäse und zu Almbutter verarbeitet. Die Spezialitäten kann man auf der aussichtsreichen Terrasse probieren und auch gleich im Hofladen erwerben. Tel. +43 / (0) 664 – 9744223

Naggleralm – Weissensee: Berühmt ist die Naggleralm oberhalb vom Weissensee in Kärnten für ihre Bioprodukte. Nicht entgehen lassen sollte man sich den Heidelbeer-Kaiserschmarrn. Dieser wird höchstpersönlich von Almut, der Pächterin der Hütte, zubereitet und serviert. An manchen Sommertagen wird die Terrasse recht voll. Daran ist zu sehen, wie beliebt die Hütte als Ausflugsziel ist. Tel. +43 / (0) 699 – 10 36 10 00

Nockalm – Karlbad: das Bauernbad auf der Alm. Das Karlbad liegt direkt bei der Kehre oder Kurve („Reidn") 24 der Nockalmstraße. Siehe dazu auch Kapitel *„Boooodn – Das Kärntner Karlbad, oder: Die Touristen kommen!"*. Tel. +43 / (0) 664 – 968 39 26

Schoberalm – Mölltal: Die gemütliche, in den Hang hineingebaute Hütte auf der Schoberalm bietet schmackhafte Alm- und Bauernhofprodukte aus dem Mölltal an. Ausgangspunkt für die Wanderung zur Hütte ist die Ortschaft Ranach, von der aus man in 1½ Stunden auf dem sehr gut beschilderten Alm-Forstweg bis zur Alm auf 1826 m Seehöhe hinaufsteigt. Belohnt werden die Wanderer mit einer herrlichen Aussichtslage hoch über dem Mölltal. Tel. +43 / (0) 650 – 553 22 42

Stangalmhütte: Wer hier einkehrt, bekommt eine besonders gute Bretteljause vorgesetzt: Speck, Rindsalami, Leberwurst, Butter und die verschiedenen Käsesorten kommen alle aus eigener Herstellung und sind von bester Qualität. Die Schweine grasen vor der Haustüre. Wer weiter hinaufsteigt zum Stangsattel und Stangnock, wird mit etwas Glück Fossilien finden können. Die Hütte ist von der Nockalmstraße bei der Kehre („Reidn") 26 auf einem Fahrweg in 45 Minuten zu erreichen. Tel. +43 / (0) 680 – 120 81 83

Techendorfer Alm – Weissensee: Oberhalb des Ostufers des Weissensees in Kärnten liegt die Techendorfer Alm (1573 m) am Weg zum Latschur (2236 m). Die Jausenstation liegt an einem Berghang inmitten der Gailtaler Alpen. Erreichbar ist sie über den Ortsteil Neusach in etwa 3½ Stunden oder von Ortsee in 2 bis 2½ Stunden. Kein Telefon!

Wieseralm – Mirnock: Das kleine Hüttendorf erreicht man über eine schmale, kurvenreiche Mautstraße, die am südlichen Ende des Afritzsees beginnt. Von der Wieseralm kann man den Mirnock, bekannt als „Weltenberg", ersteigen. Der Aufstieg dauert ca. 2 Stunden. Der Gipfel bietet einen unglaublichen Panoramablick auf die Hohen Tauern mit der Hochalmspitze und dem Hafner sowie die Gailtaler Alpen, die Lienzer Dolomiten, die Karnischen Alpen, die Karawanken und auch die Julischen und Friulanischen Alpen. Kein Telefon!

Wolayer Almen: Beide Almen sind nicht bewirtschaftet bzw. schenken nichts aus, sind aber berühmt für ihre Lage. Einkehren kann man ein Stück weiter oben in der Wolayerseehütte, wo man für den Aufstieg mit einem spektakulären Panorama belohnt wird. Ab Parkplatz Wolayertal/Hubertuskapelle 3 Stunden bis zur Hütte. Tel. +43 / (0) 720 – 34 61 41

Annahütte 2 St.
Planeck 2 "
Lussensee 2½ "
Schule auf der Alm
AlmerLebnistage
Willkommen
Modernisierung landwirtschaftlicher Betriebe
LE 07-13
KÄRNTEN
AGRARREFERAT

Egger Alm – Gailtal

Käsegenuss und Wanderfreuden

Hoch über dem Gailtal liegt das schöne Almendorf der Egger Alm auf 1422 m Seehöhe. Berühmt ist die Region für den besonders schmackhaften Gailtaler Almkäse, der in großen Laiben produziert wird. Probieren sollte man den Käse auf jeden Fall. Er wird liebevoll zubereitet von Elisabeth, der Sennerin auf der Egger Alm. Die Hütten sind gleichzeitig auch der Ausgangspunkt für eine Wanderung auf den Poludnig (1999 m). Unterhalb des Gipfels liegt auch die gleichnamige Poludnigalm. Zufahrt zur Egger Alm ist mit dem Auto möglich. Kein Telefon!

Die Egger Alm nahe Hermagor in Kärnten liegt in einem malerischen Hochtal und wird von Mitte Mai bis Ende September bewirtschaftet. Sie ist über eine asphaltierte Straße von Hermagor aus zu erreichen. Mountainbiker sind natürlich ebenfalls herzlich willkommen, von Möderndorf aus braucht man mit dem Rad ca. 1 Stunde. Die Egger Alm ist weit über die Grenzen der Region hinaus für ihren ausgezeichneten Käse bekannt (siehe auch Kurzinformation auf Seite 130). Der auf der Alm produzierte Gailtaler Almkäse hat bereits mehrere Auszeichnungen erhalten.

Ein Besuch lohnt sich aber nicht nur aufgrund der zu erwartenden Gaumenfreuden, sondern auch wegen der zahlreichen attraktiven Wandermöglichkeiten rund um die Alm. Ein lohnendes Ziel stellt zum Beispiel der Poludnig (1999 m) dar, dessen Gipfel von der Alm aus auf gut markierten Wegen in ca. 2 Stunden erreicht werden kann. Die Egger Alm ist aber auch ein beliebtes Ausflugsziel für Familien. Für diese bieten sich kürzere Wanderungen wie etwa der Seerundwanderweg (ca. 1 Stunde) an. Nach der anschließenden Brettljause mit frischen Produkten aus der Almkäserei können sich die kleinen Gäste auf dem Kinderspielplatz austoben. Wer übernachten will, der darf im Almgasthaus „Zur Alten Käserei" zwischen einem eigenen Zimmer und einem Platz im Bettenlager wählen. Ein herzhaftes Almfrühstück am nächsten Tag versteht sich von selbst.

An zwei Tagen ist der Besuch der Egger Alm besonders zu empfehlen: Jeweils am letzten Sonntag im Juli sind alle Gäste zum traditionellen Käseanschnitt eingeladen; nur wenig später, am ersten Sonntag im August, findet dann der Almkirchtag statt.

Mit Stolz präsentiert Elisabeth, die Sennerin auf der Egger Alm, ihren selbstgemachten Käse.

Almgasthaus Glocknerwirt – Mölltal

Prachtvolle Ein- und Ausblicke

Die Aussicht vom Almgasthof Glocknerblick auf das Großglocknermassiv ist beinahe unschlagbar. Außer man ersteigt den Gipfel des nahe gelegenen Mohar (2604 m). Da wird es dann kitschig, einen besseren Blick auf den Großglockner gibt es nirgendwo. Tief unten erstreckt sich das Mölltal bis nach Heiligenblut. Auf der anderen Seite das Astental, dieses gehörte zu den abgelegensten Tälern der Alpen, die Menschen dort waren im Winter oftmals über Monate von der Außenwelt abgeschnitten. In der Hütte werden die Gäste mit guter Kärntner Küche von der Wirtin verwöhnt. Tel. +43 / (0) 48 25 – 540

Das Almgasthaus Glocknerblick befindet sich auf 2050 m Seehöhe auf einem großen schönen Almboden mitten im Nationalpark Hohe Tauern und ist wahrlich einen Besuch wert. Erreicht werden kann es von Großkirchheim über einen gut ausgebauten Almaufschließungsweg, außerdem hält auch der Nationalpark-Wanderbus direkt vor dem Haus. Die einzigartige Lage erlaubt nicht nur – wie der Name schon sagt – eine ganz besondere Aussicht auf Österreichs höchsten Berg, sondern auch einen Panoramablick auf die zahlreichen 3000er der Schobergruppe sowie auf die italienischen und Osttiroler Dolomiten.

Das Almgasthaus Glocknerblick hat von ca. Mitte Mai bis Mitte Oktober geöffnet und bietet seinen Gästen qualitätvolle traditionelle Kärntner Küche mit Zutaten aus der hofeigenen Produktion. Wer möchte, hat die Möglichkeit, hier auf über 2000 m Seehöhe auch eine oder mehrere Nächte zu verbringen, in der Hochsaison ist eine Reservierung anzuraten.

Sowohl Wanderfreunde als auch ambitionierte Bergsteiger können in der Umgebung des Gasthauses Glocknerblick aus einer Vielzahl an Touren in den unterschiedlichsten Schwierigkeitsgraden wählen. Einmal pro Woche werden in der Wandersaison außerdem geführte Touren angeboten, bei denen man Flora und Fauna des Nationalparks aus der Nähe kennenlernen kann.

Eines der beliebtesten und zugleich lohnendsten Ziele vom Gasthaus Glocknerblick aus ist der Mohar (2604 m). Auf dessen Gipfel führt eine eher leichte Wanderung auf markierten Wegen, bei der man stets einen Blick auf den Großglockner hat, den man nur mit „traumhaft" beschreiben kann. Unterhalb des Mohar finden sich noch zahlreiche Spuren der Vergangenheit: Verlassene Stollen, Abraumhalden und Gebäudereste weisen darauf hin, dass hier einst Gold abgebaut wurde.

Links: Die kleine Kapelle in der Nähe des Almgasthofs Glocknerblick bietet einen wahrhaft traumhaften Blick auf Österreichs höchsten Berg.

Oben: Bis zum Gipfelkreuz des Mohar haben es die Almtiere geschafft.

Unten: Einfacher Viehunterstand am Fuße des Mohar-Gipfels

Ochsnerhütte auf der Leppner Alm

Kraftorte und die Spuren der Vergangenheit

Die urige Ochsnerhütte (1900 m) oberhalb von Irschen im Drautal, inmitten der Kreuzeckgruppe verfügt über eine eigene Käserei. Die Milch wird täglich verarbeitet und ab Hof verkauft. Die Hütte liegt an der Waldgrenze am Aufstieg zu Scharnik und Mokarspitze. Hier startet man, wenn man eine der zahlreichen Wanderungen in der Kreuzeckgruppe in Angriff nehmen möchte. Erreichbar ist sie ab dem Parkplatz Leppner Alm; von dort ca. 45 Minuten Fußmarsch zur Hütte. Kein Telefon!

Ausgangspunkt für Wanderungen auf die Leppner Alm bzw. Ochsnerhütte ist die Gemeinde Irschen im Kärntner Drautal. Diese bezeichnet sich selbst als Kräuterdorf und tatsächlich blicken Verwendung und Verarbeitung von Kräutern und Heilpflanzen in Irschen auf eine lange Tradition zurück. Der Weg auf die Ochsnerhütte führt am besten über die Leppner Alm (1618 m), bis dorthin kann man auf der Leppner Almstraße auch mit dem Auto fahren. Der Nationalpark-Wanderbus, der von Mitte Juni bis Mitte September verkehrt, hält ebenfalls direkt bei dem Almdorf. Für Wanderer, die mehrere Tage Zeit haben, bietet sich der Almgasthof Bergheimat zur Übernachtung an. Von der Leppner Alm sind es dann ca. 250 Höhenmeter (45 Minuten) bis zur urigen Ochsnerhütte, auf der zwei Sennerinnen mit großem Engagement köstlichen Almkäse herstellen und sich vom Morgengrauen bis spät in den Abend hinein um Mensch und Vieh kümmern.

Auch die an der Baumgrenze gelegene Ochsnerhütte ist – so wie die Leppner Alm – ein hervorragender Stützpunkt für verschiedenste Touren in der traumhaften Bergwelt der Umgebung, die im 15. und 16. Jahrhundert ein blühendes Goldbergbaugebiet war. Unweit der Hütte befinden sich das Wetterkreuz sowie der Knappensee, beides Aussichtspunkte der Extraklasse. Wer eine längere Tour plant, kann eine Besteigung des Scharniks in Angriff nehmen. Dazu vom Knappensee den Beschilderungen folgen, der Weg führt zuerst über Almböden, zum Schluss über einen schmalen, steilen Bergpfad teilweise etwas ausgesetzt (für kleinere Kinder nicht geeignet!) zum Gipfel (2657 m).

Links: Die Almen am Fuße des Scharniks zählen zu den schönsten Landschaften in der Kreuzeckgruppe.

Oben und unten: Zweimal pro Tag werden die Kühe gemolken und die Milch anschließend sofort zu Käse weiterverarbeitet. Die Hütte verwöhnt ihre Gäste nicht nur mit Almspezialitäten, sondern auch mit einem herrlichen Panoramablick auf die Lienzer Dolomiten.

Seite 136/137: Etwas oberhalb der Ochsnerhütte befinden sich das Wetterkreuz und die Froschlacke, zwei sehr schöne Aussichtspunkte.

Priesshütte – Nockalm

Idealer Stützpunkt im Biosphärenpark

Einfach erreichbar, liegt die Priesshütte direkt an der Nockalmstraße auf 1720 m Seehöhe. Die Hütte ist ein perfekter Ausgangspunkt für zahlreiche Wanderungen in den Nockbergen. Hungrigen bietet die Hütte Kärntner Hausmannskost, Glundner Käse und vieles mehr. Für Kinder ist der hauseigene Spielplatz samt Streichelzoo ein Highlight. Tel. Christian Gruber: +43 / (0) 664 – 210 67 73

Die direkt an der mautpflichtigen Nockalmstraße gelegene Priesshütte ist zum einen mit dem Auto oder Motorrad leicht zu erreichen, liegt zum anderen aber auch inmitten des Biosphärenparks Salzburger Lungau und Kärntner Nockberge und somit in einer einzigartigen Natur- und Kulturlandschaft (offizielle Auszeichnung durch die UNESCO im Herbst 2012).

An insgesamt sieben Infostellen des Biosphärenparks in den Nockbergen können sich Gäste über Geologie und Geschichte der Region, aber auch über ihre vielfältige Tier- und Pflanzenwelt informieren. In den vier Gemeinden Bad Kleinkirchheim, Radenthein, Krems in Kärnten und Reichenau werden auch geführte Touren durch den Park angeboten, bei denen man die Besonderheiten dieses Landstriches kennenlernt.

Die Priesshütte hat von Anfang Mai bis Ende Oktober geöffnet. Besucher erwartet traditionelle Kärntner Küche, eine Übernachtung im Bettenlager ist ebenfalls möglich, falls man die Hütte als Stützpunkt für Wandertouren in der Umgebung nutzen will. Zu empfehlen ist beispielsweise eine Wanderung auf den Großen Königstuhl, der zu etwa gleichen Teilen auf dem Gebiet von Kärnten, der Steiermark und Salzburg liegt. Von der Priesshütte folgt man zuerst dem Wanderweg 123 bis zum Schneegrubensattel, dann weiter Richtung Norden bis zur Stangscharte. Hier wechselt man auf den Weg 125 Richtung Westen und folgt diesem bis zum Gipfel auf 2336 m Seehöhe.

Auf der Priesshütte gibt es den berühmten und begehrten Glundner Käse und auch die alte Stube im Inneren der Hütte ist sehenswert.

Watschiger Alm – Gailtal

Geheimnisvolle Blumen und traditioneller Gailtaler Käse

Die Watschiger Alm erreicht man über die Nassfeldbundesstraße. Knapp vor der italienischen Grenze zweigt der Weg links ab und führt direkt zur Alm. Bekannt ist das schöne Wandergebiet am Fuße des Gartnerkofels für eine strengstens geschützte Blume. Die blaue Wulfenia blüht in der Zeit von Mitte Juni bis Ende Juli. Einen Besuch auf der Watschiger Alm kann man also wunderbar mit der Blütezeit der Wulfenia verbinden. Tel. +43 / (0) 42 85 – 81 70 oder +43 / (0) 42 84 – 52 43

Wer im Juni oder Juli zur Watschiger Alm (1638 m) kommt, den erwartet die Blüte einer der seltensten Pflanzen des Alpenraums, der Wulfenia. Nur hier kann man diese außergewöhnliche, kleine blaue Blume bewundern. Ebenfalls im Juli (immer am letzten Sonntag des Monats) findet hier, so wie auf anderen Almen der Region auch, der traditionelle Käse-Anschnitt statt. Die Milch dazu stammt von den etwa 60 Kühen, die den Sommer auf der Gemeinschaftsalm verbringen. Den Gailtaler Almkäse, aber auch andere Köstlichkeiten aus eigener Produktion wie etwa Schnäpse, Speck, Würste oder Apfelsaft kann man in einem kleinen Laden direkt auf der Alm käuflich erwerben. Kinder werden sich über den See direkt bei der Hütte freuen; an dessen Ufern kann wunderbar gespielt werden. Für eine Wanderung auf den Gartnerkofel bietet sich die Watschiger Alm ideal an. Der Nordgipfel des Berges liegt auf 2195 m Seehöhe und bietet eine atemberaubende Fernsicht. An sehr schönen Tagen ist auch der Großglockner zu sehen, außerdem das gesamte Gailtal, die Hohen Tauern sowie die Karnischen Alpen. Von der Alm aus ist er in etwa zwei Stunden über einen wenig schwierigen Steig leicht zu erreichen.

Prachtvoll liegt die Watschiger Alm am Fuße des Gartnerkofels (2195 m). Die Wulfenia, eine kleine blaue Blume, ist einzigartig und wächst auch nur auf einem sehr kleinen Gebiet am Fuße des Gartnerkofels. Sie gilt als botanische Kostbarkeit und ist somit strengstens geschützt.

Kleinkirchheimer Wolitzen-Alm

Eine Alm für Groß und Klein

Für viele Familien zählt das Nockalmgebiet zum beliebten Ausflugsgebiet. Hier kann man zu Wanderungen aufbrechen, die auch für die Kleinsten zu bewältigen sind. So etwa zur Kleinkirchheimer Wolitzen-Alm mit ihrem liebevoll gestalteten Wasserspielplatz. Sie ist auf einem bequemen Weg, der bei der Grundalm an der Nockalmstraße bei Kehre 32 beginnt, in 30 Minuten zu erreichen. Der Zugang von der Bergstation der Brunnachbahn dauert 1½ Stunden. Tel. +43 / (0) 42 40 – 85 85 21

Mit Gras bewachsene Hügel und Kuppen – hier Nocken genannt –, ein paar felsige Gipfel, kleine Seen und Wasserläufe, dichte Wälder und zahllose Hütten und Almen: Der Biosphärenpark Nockberge ist kein Geheimtipp mehr, aber ein sehr reizvolles und vielfältiges Wandergebiet, das zudem gut erschlossen ist. Die Nockalmstraße zieht auf 35 Kilometern durch das sanfte Hochgebirge und macht die Erkundung der Gegend einfach. Almen und Hütten lassen sich von Familien mühelos oder ohne größere Anstrengungen ansteuern und bieten Kindern genügend Auslauf und Abwechslung. Gleichzeitig eignen sie sich als Ausgangspunkte für Bergtouren jeder Schwierigkeitsstufe.

Auch die Kleinkirchheimer Wolitzen-Alm ist einer jener Orte, an dem sich Groß und Klein wohlfühlen. Schon bei der Grundalm, wo die Wanderung beginnt, wurde mit „Silva Magica" ein Erfahrungs- und Erlebnisraum zum Thema Naturgeheimnisse und Naturwesen eingerichtet. Der Rundweg, den internationale Künstler geschaffen haben, wird von einer Ausstellung zur Bedeutung der ökologischen Forstwirtschaft und der Holzbearbeitung ergänzt.

Von hier aus geht es weiter zur Kleinkirchheimer Wolitzen-Alm, wo sich Kinder dank Streichelzoo und Wasserspielplatz bestens aufgehoben fühlen. Die Hütte, die zwischen Weiden und alten Zirben liegt, lädt in ihre urige Stube oder auf die Terrasse. Hier schmecken Kaiserschmarren, Knödelsuppe, Ritschert und Brettljause. Gut gestärkt kann man nun zur Oswalder Bockhütte oder zur Erlacher Hütte aufbrechen. Geübte versuchen sich am Mallnock, Klomnock oder Pfannock.

Bekannt ist die Kleinkirchheimer Wolitzen-Alm auch für den Almabtrieb, wenn Senner Elmar Mitterberger seine geschmückten Tiere nach Bad Kleinkirchheim bringt. Dort warten die Viehversteigerung, der Bauernmarkt und Musikanten und damit ein Volksfest, das viele Besucher anzieht.

Seite 144/145: Der Pfannock (2254 m) ist der gut erreichbare Hausberg der Wolitzenhütte.

GIPFEL
BUCH

Niederösterreich

Almgasthaus Klosteralm: Bereits im 13. Jahrhundert stand hier ein erstes Almgebäude, schon damals im Besitz des Zisterzienserstiftes Lilienfeld. Die kleine Kapelle kam erst später dazu. Der Blick über die Voralpen lohnt den 2-stündigen Anstieg von Lilienfeld. Wer es bequemer haben will, wandert in 10 Minuten von der Bergstation Muckenkogel zur Hütte. Tel. +43 (0) 27 62 – 53 5 75

Almhaus Hochbärneck: Alle, die nicht wandern wollen oder können und trotzdem Almluft schnuppern wollen, sind hier richtig: Man kann von St. Anton an der Jeßnitz aus auf einer Mautstraße zufahren. Von der Aussichtswarte hat man einen traumhaften Blick auf den Ötscher, den Hochschwab und das Gesäuse. Ab Sulzbichl 1 Stunde, der Rückweg über die Hinteren Tormäuer und den Trefflingfall ist besonders lohnend, 2½ Stunden. Tel. +43 / (0) 74 82 – 48 4 64

Kleinzeller Hinteralm: Im Spätsommer und Frühherbst, wenn sich das Laub zu verfärben beginnt, ist diese Wanderung besonders lohnend. Die Almhütte ist von der Ebenwaldhöhe oberhalb von Kleinzell in einer Stunde zu erreichen. Von hier aus beginnt der einstündige Aufstieg zur Reisalpe mit dem gleichnamigen Schutzhaus und der herrlichen Aussicht auf die Voralpen. Tel. +43 / (0) 27 63 – 36 95

Kranichberger Schwaig: Mitte Juni findet hier und auf den anderen Almen und Berghütten der Schwaigen Reigen statt, ein Almfest, an dem viele Musikanten und Sänger teilnehmen. Zugang ab Steyersberger Schwaig ca. 45 Minuten, ab Feistritzsattel 1 Stunde. Tel. +43 / (0) 676 – 392 55 00

Marienseer Schwaig: Die kleine Almhütte duckt sich an Abhänge des Hochwechsels und ist auch im Winter über die Wechsel-Panorama-Loipen zu erreichen. Ein lohnender Ausflug für alle, die das dortige Almengebiet einmal im Schnee erleben möchten. Im Sommer von Mariensee in einer Stunde zu erreichen, im Winter ab Steyersberger Schwaig ca. 6,5 Loipenkilometer, ab Bergstation Mariensee 7. Tel. +43 / (0) 664 – 521 64 26 (Sommer) und +43 (0) 664 – 333 04 76 (Winter)

St. Ägyder Bürgeralpe: Die Halterhütte steht auf einem besonders lauschigen Almplateau und ist von St. Ägyd am Neuwald über den Hans-Wancura-Steig in 1½ Stunden zu erreichen. Die Jausenstation ist nur am Wochenende geöffnet. Kein Telefon.

Ybbstaler Hütte auf der Dürrensteinalm: Hier sorgt Inge Wurzer fürs leibliche und seelische Wohl der Wanderer. Stammgäste schwören auf den Sternenhimmel, der sich hier, weitab von den Städten, besonders gut bewundern lässt. Der kürzeste Anstieg führt vom Stiegengraben in der Nähe von Göstling an der Ybbs in 2–2½ Stunden nach oben. Tel. +43/(0) 664 – 988 68 01

Jakob, der Sohn der Wirtsleute, verbringt seine gesamten Sommerferien auf der Kranichberger Schwaig.

Oberösterreich

Hohe Zwieselalm – Gosau: Der Blick von der Zwieselalm (1480 m) auf den Gosausee und den dahinterliegenden Dachstein mit Gosaugletscher ist sagenhaft. Eine gemütliche Einkehr bietet die Breininghütte. Die aus dem Jahre 1810 stammende Unterkunft bietet bodenständige Kost aus dem Gosautal. Erreichbar ist die Hütte vom Vorderen Gosausee in ca. 2 Stunden oder von der Bergstation der Gosaukamm-Seilbahn, in einer Viertelstunde. Tel. +43 / (0) 61 36-85 06

Iglmoosalm – Gosau: Hoch über Gosau-Vordertal liegt in prächtiger Aussichtslage die Iglmoosalm (1206 m). Der Blick geht nach Norden zum Dachstein und zum angrenzenden Gosaukamm. Die Hütte erreicht man gemütlich in 1½ Stunden von Gosau aus. Auf der sonnigen Terrasse werden kühle Getränke und kleine Jausen serviert. Bekannt ist die Alm für die köstlichen, selbstgemachten Mehlspeisen. Kein Telefon!

Leonsbergalm – Inneres Salzkammergut: Mit insgesamt 13 Hütten inmitten ausgedehnter Weideflächen ist das Almendorf der Leonsbergalm auf 1370 m Seehöhe die größte Alm im Inneren Salzkammergut. Der Zustieg erfolgt von Rußbach in ca. 2½ Stunden. Immer wieder eröffnen sich traumhafte Ausblicke zum Schafberg und auch zum Attersee. Tel. +43 / (0) 61 37 – 51 90

Sattelalm – Hallstatt: Die Sattelalm (1358 m) ist vom UNESCO-Weltkulturerbeort Hallstatt durch das Echerntal erreichbar. Die Hütte liegt inmitten einer einzigartige Naturkulisse am Fuße des Plassens, des Hausbergs von Hallstatt. Gehzeit von Ortszentrum in Hallstatt: ca. 2 Stunden. Kein Telefon!

Seeklausalm – Gosausee: Besonders im Herbst, wenn das Wetter stabil ist und die Bäume bunte Blätter tragen, wird der Gosausee mit dem Dachstein zu einem fast kitschigen Motiv für Fotografen und Landschaftsmaler. Direkt am Ufer des Vorderen Gosausees liegt die Seeklausalm. Der Blick auf den See samt Panorama ist einfach herrlich. Nach einem Rundgang um den See bietet die Almwirtschaft frische Almprodukte in gemütlicher Atmosphäre. Tel. +43 / (0) 61 36 – 85 63

Salzburg

Draugsteinalm – Großarltal: Das Großarltal ist bekannt als Tal der Almen. Die Bewirtschaftung der Hochweiden hat eine weit zurückreichende Tradition, die sich bis heute erhalten hat. Auch auf der Draugsteinhütte werden alte Werte und Traditionen hochgehalten. Die gesamte Milch wird zu Butter und Sauerkäse im kupfernen Kessel verarbeitet. Käsespezialitäten, Topfenaufstriche und Fruchtjoghurt sowie Speck, diverse Würste, Schnäpse und Liköre werden zu Hause am Bauernhof erzeugt und auf der Alm angeboten. Selbst Übernachtungen sind auf der Alm möglich. Tel. +43 / (0) 64 17 – 274

Fallhausalm – Vögeialm: Eingebettet zwischen den Schladminger und Radstädter Tauern liegen im Forstau-Winkl die Almhütten der Fallhausalm und Vögeialm. Bis zu den beiden Almen führt eine mautfreie Bergstraße. Von den Almen bietet sich eine schöne Wanderrunde über den Oberhüttensee und das sogenannte Klamml an. Für die Runde sollte man 4–5 Stunden Gehzeit einplanen. Tel. Familie Ortner: +43 / (0) 64 54 – 84 15

Feldinghütte – Gadaunerer Hochalm: Auf dem weitläufigen Almplateau Gadaunerer Hochebene liegt – malerisch eingebettet zwischen Almwiesen und herrlichen Aussichtsgipfeln – die Feldinghütte. Bewirtschaftet wird die Alm von der Familie Sendlhofer, die ihre Gäste mit selbstgebrannten Schnäpsen oder einer zünftigen Almjause mit Käse, Topfenkugeln und Camembert verwöhnen. Auf der Gadaunerer Hochalm gibt es neben der Feldinghütte noch weitere bewirtschaftete Almen, die zum Wandern von Hütte zu Hütte einladen. Erreichbar vom Parkplatz Angertal über den Gadauner Forstweg in ca. 2½ Stunden, oder als kurzen steilen Aufstieg kann man den „Wolfstall" wählen (2 Stunden). Tel. +43 / (0) 64 32 – 67 66

Filzmoosalm – Großarl: Die Wanderung zur Filzmoosalm (1710 m) startet im Talschluss vom Ellmautal, dem größten Seitental in Großarl, beim Parkplatz Grund. Ein gemütlicher Steig führt in ca. 1¼ Stunden zur schön gelegenen Hütte. Zur Stärkung gibt es Selbstgemachtes wie Brot, Butter, Käse sowie Wurst oder Speck. Infos beim Tourismusverband Großarl. Tel. +43 / (0) 64 14 – 281

Gnadenalm – Radstädter Tauern. An der Passstraße zwischen Radstadt und Obertauern liegen die Hütten der Vorder- und Hintergnadenalm. Die schönen Hütten sind im Sommer und Winter gleichermaßen Einkehr und Ausgangspunkt für zahlreiche Wanderungen in den Radstädter Tauern. Sehenswert ist der Johanniswasserfall unweit der Hintergnadenalm. Gehzeit zum Wasserfall ca. 45 Minuten. Tel. +43 / (0) 64 56 – 73 51

Jakoberalm – Riedingtal: Inmitten des Naturparks Riedingtal liegt die Jakoberalm auf 1839 m Seehöhe, hoch über dem Schlierersee. Auf der Hütte werden typische Lungauer Schmankerl wie Bratl oder Schwarzbeerschmarrn angeboten. Wer eine schöne Runde machen möchte, wandert über den Essersee zur Franz-Fischer-Hütte und zurück über die Hoislalm zum Ausgangspunkt am Schlierersee. Gehzeit: Aufstieg 2 Stunden, Wanderrunde 4–5 Stunden. Kein Telefon!

Karalm – St. Martin, Tennengebirge: Die wunderschön gelegene Karalm am Fuße der Koreinhöhe ist von St. Martin in einer Stunde erreichbar. Es gibt auch eine gut ausgebaute Forststraße. Oben angekommen bietet sich dem Wanderer ein Ausblick auf das Tennengebirge sowie auf das Dachsteinmassiv und die Bischofsmütze. Die Sennerin auf der Alm verwöhnt ihre Gäste mit hausgemachten Schmankerln, die man auf der Sonnenterrasse genießen kann. Tel. Familie Steiner +43 / (0) 664 – 135 90 81 oder +43 / (0) 64 52 – 43 83

Karseggalm – Großarltal: Die Karseggalm auf 1603 m im Großarltal versetzt ihre Besucher in eine andere Zeit. Mit ihren 350 bis 400 Jahren ist sie eine der ältesten Hütten im Tal. Im Inneren der rußgeschwärzten Hütte wird auf einer offenen Feuerstelle neben dem Speck auch der sogenannte „Knetkäse", eine Großarler Spezialität, geräuchert. Außerdem gibt es einmal in der Woche die Möglichkeit, bei der Käseherstellung dabei zu sein. Erreichbar ist sie von der Breitenebenalm aus (ca. ½ Stunde), von der Sonneggbrücke (1½ Stunden) oder über den Rundweg von der Unterwandalm über die Karseggalm zu Breitenebenalm. Infos Tourismusverband Großarltal: Tel. +43 / (0) 64 14 – 281

Kögerlalm – Gastein: Die Kögerlalm liegt auf 1360 m Höhe, auf der westlichen Talseite von Dorfgastein und bietet einen herrlichen Panoramablick auf den Pinzgau. Sehenswert ist die „Drei-Waller-Kapelle“ am Weg zur Alm. Empfehlenswert ist auch die Tour zum Rauchkögerl (1810 m). Hier erwartet den Wanderer eine herrliche Aussicht. Auf der Hütte werden vornehmlich Produkte aus eigener Erzeugung angeboten. Gehzeit vom Parkplatz im Dorfgasteiner Ortsteil Unterberg ca. 2 Stunden. Tel. +43 / (0) 664 – 454 01 43

Krimmler Tauernhaus: Siehe Kapitel *„Tisch, Pfanne und Löffel – Kulinarische Grenzgänge am Krimmler Tauern“.* Erreichbar ist dieses zu Fuß oder noch besser mit dem Mountainbike. Es gibt aber auch einen Shuttleservice mit dem Kleinbus. Gehzeit von Krimml über die Krimmler Wasserfälle: etwa 4 Stunden. Tel. +43 / (0) 664 – 262 21 74
Seite 152/153: Blick auf das Krimmler Tauernhaus

Maurachalm – Großarltal. Die schön gelegene Hütte ist eine von fast 40 bewirtschafteten Almhütten im Großarltal. Auf der Hütte (1624 m) wird die gesamte Milch zu Butter, Buttermilch und verschiedenen Käsesorten verarbeitet. Das beliebte Wanderziel ist über einen Forstweg von der Sonneggbrücke in ca. 2 Stunden erreichbar. Noch bequemer geht es von der Bergstation der Grafenbergbahn in Wagrain. Gehzeit ca. 1 Stunde, Maurachhof – Fam. Gschwandtl Tel. +43 / (0) 64 14 – 293

Mitterfeldalm – Hochkönig: Am Weg vom Arthurhaus zum Hochkönig kommt man an der schön gelegenen Mitterfeldalm (1690 m) vorbei. Die Hütte liegt in traumhafter Lage am Fuße der imposanten Mandelwände. Tel. +43 / (0) 664 – 643 80 77

Schönbergalm – Hochkönig: Etwas unterhalb von der Erich-Hütte am Fuße des Hochkönigs liegt die urige Schönbergalm auf einer Seehöhe von 1540 m. Die alte Hütte ist in 30 Minuten vom Dientner Sattel erreichbar. Sie liegt am Ausgangspunkt einer schönen Almwanderung von Hütte zu Hütte entlang der Hochkönig-Südwände. Kein Telefon!

Sulzenhalsalm – Filzmoos: Wunderschöne Wanderung mit Blick zur Bischofsmütze. Ausgangspunkt ist die Oberhofalm in Filzmoos. Der Weg ist einfach und schon nach einer Stunde ist die schön gelegene Hütte erreicht. Von dort geht es in ca. 45 Minuten noch bis zum Sulzenhals. Hier erwartet den Wanderer eine überragende Aussicht Richtung Dachstein und zur Bischofsmütze. Auf der Alm gibt es Produkte vom heimischen Bauernhof. Keine Telefon!

Tappenkaralm: Der Tappenkarsee zählt mit Recht zu den schönsten Bergseen im Salzburger Land. Aufgrund der einmaligen Lage des fischreichen Bergsees inmitten einer herrlichen Alm- und Naturlandschaft ist der Tappenkarsee mit seinen Hütten ein gleichermaßen beliebtes wie auch gutbesuchtes Wanderziel. Erreichbar ist die Tappenkarseealm (1768 m) in ca. 1½ Stunden von Kleinarl aus. Infos beim Tourismusverband Großarltal, Tel. +43 / (0) 64 14 – 281

Widdersbergalm – Hochkönig: Die Almhütte der Familie Stock stammt aus dem Jahr 1700 und hat sich seitdem kaum verändert. Sie ist im typischen Pongauer Baustil errichtet und gilt somit als wahres Juwel. Liebevoll, mit viel handwerklichem Geschick wurde die 300 Jahre alte Hütte von Vater und Sohn saniert und der Originalzustand größtenteils wiederhergestellt. Die Alm ist von mehreren Seiten aus leicht zu erreichen und liegt am Verbindungsweg zu weiteren Almhütten südlich des Hochkönigs. Kontakt Leonhard Stock: Tel. +43 / (0) 64 62 – 40 61.

Twenger Alm – Radstädter Tauern: Die neu errichtete Hütte auf der Twenger Alm liegt am Weg zum Twengersee und dem 2526 m hohen Gurpitscheck. Im ländlichen Baustil gezimmert, verzichtet die Hütte auf laute Beschallung und unschöne Reklamesonnenschirme. Dafür gibt es schmackhafte Almprodukte wie etwa täglich frische Almmilch, Almbutter, Buttermilch, Twengeralm-Schnittkäse, Lungauer Almkäse und frischen Topfen. Neun Milchkühe, zwölf Tauernscheckenziegen und acht Kalbinnen verbringen hier ihren Bergsommer. Kein Telefon!

Der Tappenkarsee zählt zu den schönsten Bergseen Salzburgs und ist von Kleinarl aus leicht zu erreichen.

Steiermark

Grabneralm – Gesäuse: Der Grabenstein hinter der Grabneralm gilt als schönster Blumenberg der Steiermark. Empfehlenswert ist also ein Besuch im Frühjahr. Erreichbar ist das ehemalige landwirtschaftliche Schulgebäude über den Buchauer Sattel. Die Gehzeit beträgt etwa 1½ Stunden. Eva Hornek & Gerhard Wallner Tel. +43 / (0) 660 – 492 25 66

Grafenbergalm: Siehe Kapitel *„Über die Wiese zum Stein"* – Zu Besuch beim Dichter und Hirten Bodo Hell. Die Grafenbergalm erreicht man am besten vom Gehöft Burgstaller in der Ramsau. Der Weg führt über die Starnalm in ca. 3 Stunden zur Grafenbergalm. Den Steirischen Kufstein kann man als leichten Gipfel noch mitnehmen (zusätzlich 1½ Stunden Gehzeit). Kein Telefon!

Halterhütte – Schöckl: Der Schöckl ist ein ebenso beliebtes wie auch gern besuchtes Ziel im Grazer Bergland. Zahlreiche Wanderrouten sowie eine Seilbahn führen hinauf zum schönen Aussichtsberg hoch über der Landeshauptstadt. Eine der zahlreichen Einkehrmöglichkeiten ist die in idealer Südlage liegende Halterhütte. Das 200 Jahre alte Traditionshaus gehört zu einem Schöcklbesuch einfach dazu. Hier gibt es auch eine original Schwammsuppe mit Heidensterz und dazu einen erlesenen steirischen Wein. Gehzeit von St. Radegund bis zum Schöcklplateau ca. 2–3 Stunden. Die Halterhütte liegt etwas unterhalb des Gipfels auf 1400 Meter Seehöhe. Kein Telefon!

Hintereggeralm – Liezen: Das Hüttendorf der Hintereggeralm am Fuße des Hochangern-Gebirgsstocks liegt verstreut auf einer Seehöhe von ca. 1150 m bis ca. 1350 m. Die Almgemeinschaft besteht aus fast 20 Hütten und insgesamt ca. 220 Stück Weidevieh mit einer Weidefläche von etwa 450 ha. Gehzeit vom Parkplatz ca. 20 Minuten. Kein Telefon!

Kölblalm – Gesäuse: Urig und ausgesprochen alt ist die Rauchküche auf der Kölblalm. Die Hütte war früher ein dauerhaft bewohnter Bergbauernhof und wurde zur Viehzucht genutzt. Heute wird das historische Gebäude zur Sommer-Almbewirtschaftung genutzt. Gehzeit ab Johnsbach/Kölblwirt 30 Minuten. Tel. Gasthof Kölblwirt: +43 / (0) 36 11 – 216

Lärchkaralm – Niedere Tauern: Vom Feriendorf Hinterwald geht es entlang des Lärchkarbachs zur naturbelassenen Lärchkaralm und weiter zur Stallaalm. Die Dankelmayrhütte ist unbedingt einen Besuch wert. Viele alte Gegenstände sowie die gesamte Einrichtung zeigen, wie man einst hier gewohnt und gelebt hat. Gehzeit ca. 1 Stunde, Tel. +43 / (0) 36 80 – 201

Lassachalm – Naturpark Sölktäler: Sehenswerte Alm im typisch steirischen Baustil. Authentisch und sehr gemütlich. Erreichbar über die Zauneralm im hinteren Kleinsölktal. Gehzeit ca. 1 Stunde. Kein Telefon!

Mösl-Hütte – Krakautal: Die Südabdachungen der Niederen Tauern sind von großen Tourismusströmen weitgehend verschont. Wer im Gebiet Krakautal unterwegs ist, erlebt eine herrlich unberührte Naturlandschaft. Ein wirklicher Geheimtipp ist die Mösl-Hütte. Die Wirtin legt großen Wert auf Selbstgemachtes. Tel. +43 / (0) 35 35 – 82 51

Putzentalalm – Naturpark Sölktäler: Der Kaiserschmarren auf der Putzentalalm gilt als absoluter Geheimtipp. Die schöne Alm liegt im hinteren Kleinsölktal. Der Weg zur Alm führt am Schwarzensee vorbei. Schon wegen dem traumhaft schön gelegen Bergsee lohnt sich die Wanderung zur Alm. Tel. +43 / (0) 650 – 500 08 55, Gehzeit vom Parkplatz Breitlahnhütte (Mautstraße) ca. 1½ Stunden.

Remschniggalm – Leutschach. Die Remschniggalm liegt direkt am Grenz-Panoramaweg zwischen Slowenien und der Steiermark. Sie gilt als die südlichste Alm Österreichs und zählt mit der wildromantischen Heiligen-Geist-Klamm zu den beliebtesten Ausflugszielen der Region. Erreichbar ist die Alm über Leutschach in der südlichen Steiermark. Gehzeit: ab Leutschach/Krennmühle bis zur Remschniggalm 2½ Stunden, weiter zur Heiligen-Geist-Kirche ca. 3 Stunden, hinunter zum Parkplatz Spitzmühle weitere 1½ Stunden, Gehzeit für die ganze Runde ca. 7 Stunden, Tel. Tourismusverein Arnfels +43 / (0) 664 – 469 29 69

Sommeralm – Teichalm: Der Naturpark Almenland, nur 40 km nördlich von Graz, gilt mit seinen ausgedehnten Weideflächen als größtes zusammenhängendes Almgebiet Europas. Auf einer Höhe zwischen 600 und 1700 Metern verbringen mehr als 3500 Tiere, unter anderen die berühmten Almochsen, das Aushängeschild der Genussregion, den Sommer auf der Alm. Zahlreiche Wanderungen – wie etwa der Wassererlebnisweg durch die Bärenschützklamm – gehören zu den weithin bekannten Attraktionen in der Region. Und durch die steil aufragende Nordwestwand des Hochlantschs, 1720 m, führt sogar ein kühner Klettersteig. Info Tel. Fladnitz/Teichalm +43 / (0) 31 79 – 23 0 00-0

Steinitzenalm – Aussee: Die Steinitzenalm (1060 m) ist in 1½ Stunden von Bad Mitterndorf erreichbar. Bernadette, die Sennerin, ist bekannt für erstklassige Almgerichte. Wer ihr beim Krapfenmachen zuschauen möchte, muss allerdings früh aufstehen. Tel. +43 / (0) 664 – 75 05 74 79

Tagalm – Sattental: Das idyllische Almendorf liegt im hinteren Sattental. Der imposante Talschluss inmitten der Schladminger Tauern ist der Ausgangspunkt für eine Gipfeltour zur Hohen Wildstelle (2747 m). Erreichbar ist die Alm über Pruggern im Ennstal. Infotelefon +43 / (0) 36 85 – 22 5 90. Gehzeit. ca. 1 Stunde vom Parkplatz.

Viehbergalm – Kemetgebirge: Die Ritzingerhütte auf der Viehbergalm im Gröbmingerland bietet typische Almspezialitäten wie etwa Steirerkäse in Steirerkrapfen sowie selbstgemachte Buttermilch und vieles mehr. Erreichbar ist das kleine Almendorf zu Fuß oder auch mit dem Bike. Bewirtschaftet wird die Hütte von Marianne und Matthias Gruber Tel. Handy: +43 / (0) 676 – 945 98 17, Gehzeit von Gröbmingwinkel ca. 1½ Stunden.

Rechts: Leo beim Krapfenmachen und Verkosten auf der Steinitzenalm im Ausseeerland

Seite 156/157: Der Schwarzensee im Naturpark Kleinsölktal

Bärenfeuchtenalm – Ennstaler Alpen

Ein Ausflugsziel mit langer Tradition

Seit ewigen Zeiten bewirtschaftet die Sennerin „Cilli" ihre Hütte auf der Bärenfeuchtenalm. Sie genießt den Ruf einer Legende. Die Hütte liegt wunderschön oberhalb der Stoiringalm am Fuße des Bärenfeuchtenmölbings (1770 m). Erreichbar ist die „Cilli-Hütte" vom Parkplatz in der Nähe des Spechtensee in Wörschachwald. Tel. +43 / (0) 36 82 – 23 3 93 oder +43 / (0) 681 – 10 51 42 18

Die Ennstaler Alpen sind eine wilde, ungebändigte Berglandschaft voller alpiner Höhepunkte. Der spektakulärste Teil der Ennstaler Alpen ist zweifellos das Gesäuse. Wild schäumend zwängen sich die Wassermassen der Enns wie in ein Nadelöhr durch die enge Schlucht. Mit ohrenbetäubendem Getöse bahnt sich das Wasser seinen Weg durch das 16 Kilometer lange Durchbruchstal zwischen Admont und Hieflau. Innerhalb kürzester Zeit überwindet die Enns ein beachtliches Gefälle von über 150 Metern. In den steilen Wänden, die fast den Himmel berühren, hallt das Rauschen des Wassers wider und erfüllt das Tal mit einem gewaltigen Murmeln und Säuseln. Dieses Schauspiel ist beängstigend und schön zugleich. Seit 2002 ist ein großer Teil des faszinierenden Gebirges mit seinen Schluchten und majestätischen Bergen ein Nationalpark.

Weniger spektakulär geht es da auf der Bärenfeuchtenalm zu. Ausgangspunkt für eine Wanderung zur Cillihütte ist die Ortschaft Wörschachwald. Es geht los am Parkplatz oberhalb vom Spechtensee (1041 m). Die Gehzeit beträgt lediglich eine Stunde. Die Wanderung führt entlang einer Forststraße und teilweise über Abkürzungen durch den Wald hinauf zur Hütte, wo sich ein weites Almgelände öffnet. Die Alm liegt auf 1474 m Seehöhe und bietet einen grandiosen Blick ins Ennstal. Im Osten erhebt sich markant die spitze Felsgestalt des Hochtausings. Sehr warmherzig werden die Besucher von der legendären Sennerin Cilli empfangen. Sie verleiht der Alm mit ihrem Charme eine ganz persönliche Note und ist darüber hinaus im ganzen Ennstal als Institution bekannt. Mit 96 Jahren arbeitet sie immer noch Sommer für Sommer auf der „Bärenfeicht'n". Für alle, die nicht mehr so gut zu Fuß sind, besteht die Möglichkeit, sich den Schlüssel für die Benützung der Almstraße gegen eine Mautgebühr beim Rohrmoserhof in Wörschachwald auszuleihen.

Auch im hohen Alter von über 90 lässt es sich Cilly nicht nehmen, die Hütte auf der Bärenfeuchtenalm noch aus eigener Kraft zu bewirtschaften. Das Zubereiten der berühmten Steirerkrapfen will auch durchaus gelernt sein.

Lärchbodenalm – Dachsteingebiet

Leicht erreichbares Wanderziel für die ganze Familie

Am Weg zum Guttenberghaus liegt die gepflegte Alm am Fuße des Sinabells in der Dachsteingruppe. Die urige, mit Lärchenschindeln gedeckte Hütte ist von Ramsau aus leicht zu erreichen und dementsprechend beliebt. Gehzeit vom Parkplatz Feistererhof/Ramsau: ca. 45 Minuten.
Tel. +43 / (0) 36 87 – 81 7 43

Zu den gepflegten Almen am Fuße des Dachsteins zählt auch die Lärchbodenalm, die zum Simonbauernhof in der Ramsau gehört. Diese liegt am Weg zum Guttenberghaus inmitten eines schütteren Lärchenwalds. Keine 50 Gehminuten sind es vom Parkplatz am Gasthof Feistererhof zur Alm. Geführt wird die kleine Hütte als Jausenstation. Stolz ist man auf die Auswahl an heimischen Produkten, die allesamt vom eigenen Bauernhof stammen. Sogar das Brot wird selbst gemacht. Unmittelbar neben der Hütte steht eine kleine, liebevoll gebaute Kapelle mit einer aus Holz geschnitzten Bibel. Die Hütte ist die erste Station auf dem Weg zum Guttenberghaus (2146 m). Der Weg zum höchstgelegenen Alpenvereinshaus in der Steiermark führt über zahlreiche Serpentinen steil bergan. Die Lage der Alpenvereinshütte ist einmalig, der Blick reicht über die Ramsau und das Ennstal bis zu den dunklen Bergen der Niederen und Hohen Tauern. Das Guttenberghaus ermöglicht den Zutritt auf die gewaltige Karsthochfläche des Dachsteins. Für die Besucher der Lärchbodenalm und des Guttenberghauses gibt es unterhalb des Biohotels Feisterer einen zugewiesenen Parkplatz. Vom Feistererhof geht es auf dem Weg 616, durch einen Lärchenwald, über einen Forstweg aufwärts. Besonders schön ist es im Frühling, wenn zur Zeit der Schneeschmelze unzählige Schneerosen den Waldboden bedecken. Der Aufstieg zur urigen Hütte dauert nur 50 Minuten. Die schöne Terrasse verführt zum gemütlichen Verweilen.

Eine wahre Augenweide ist die kleine Hütte vom Simonbauer auf der Lärchbodenalm, daneben lädt eine kleine Kapelle mit hölzerner Bibel zum Innehalten ein.

Tuchmoaralm – Sölktal

Steirerkrapfen in traumhafter Almlandschaft genießen

Etwas abgelegen, dafür umso schöner liegt das Almendorf auf 1505 m Seehöhe am Weg zum türkisfarbenen Seekarlsee. Auf den Hütten werden noch echte steirische Almprodukte hergestellt. Der Aufstieg dauert etwa 1½ Stunden. Köckhütte, Familie Brandner, Tel. +43 / (0) 36 85 – 81 44

Die Tuchmoaralm im Naturpark Sölktäler liegt in den „richtigen Bergen" der Obersteiermark. So steht es in der Naturpark-Werbebroschüre. Die Gemeinden Kleinsölk, Großsölk und Sankt Nikolai gehören mit einer Fläche von 277 km^2 zu den insgesamt sieben steirischen Naturparks. Idyllische Bergdörfer, blühendes Almleben, wilde Gebirgsbäche und imposante Berggipfel charakterisieren diese geschützte Landschaft. Geboren wurde die Naturparkidee bereits im Jahre 1976, die Umsetzung und Prädikatsverleihung erfolgte 1983. Im Naturparkhaus „Schloss Großsölk" gibt es zahlreiche Auftritte von Künstlern, Diashows und Veranstaltungen zur Weiterbildung von Interessierten. Das Almwesen und die zahlreichen Hütten in den Sölktälern gehören zu den zentralen Inhalten der Naturparkakademie.

Eine der schönsten Almen im Naturpark ist zweifellos die Tuchmoaralm. Die Zufahrt erfolgt von Stein an der Enns über Kleinsölk bis zur Abzweigung Kesslerkreuz/ Sagschneider. Hier folgt man der Straße nach links bis zum Parkplatz am Güterweg zur Alm. Auf diesem dauert es ca. eine Stunde, bis das liebliche Almendorf erreicht ist. Die Hütten der Tuchmoaralm liegen in einem großzügigen Tal mit südlicher Ausrichtung. Die erste Hütte wird von Peter Zach, dem „Url Peter", bewirtschaftet. Der Landwirt vom Mitterberg im Ennstal ist ein echtes Original. Mit seinem urtümlichen Wurzhorn, einem Blasrohr aus Holz, sorgt der musikalische Senner für Unterhaltung auf der Alm.

Die Köckhütte am Ende des kleinen Almendorfes wird seit vielen Jahren liebevoll von der Familie Brandner, den Inhabern aus Kleinsölk geführt. Jeden Samstag ist traditionell Krapfentag, ein Festtag auf der Alm. Steirerkrapfen sind schließlich etwas Besonderes. Am besten schmecken sie heiß aus der brutzelnden Pfanne heraus serviert.

Die Tuchmoaralm im hinteren Kleinsölktal bietet ihren Gästen noch die richtigen Ennstaler Steirerkrapfen mit Steirerkas und ist Ausgangspunkt für zahlreiche Touren in der Umgebung, wie zum Beispiel zum Seekarlsee.

Walcheralm

Im Herzen des Dachsteingebiets

Alm mit eigener Käserei. Die Hütte liegt malerisch direkt am Fuße der Dachsteinsüdwände. Von der Terrasse blickt man auf die beeindruckende Bergkette der Schladminger Tauern. Sie ist direkt mit dem Auto über Ramsau erreichbar. Tel. +43 / (0) 36 87 – 81 2 43. 5 Minuten Anfahrt über die Dachsteinstraße

Am Fuße der ebenso mächtigen wie sonnigen Südwände des Dachsteins liegen eingebettet in eine herrliche Bergkulisse die Ramsauer Almen. Das saftige Grün der Wiesen leuchtet im reizvollen Kontrast zu den hellen Kalkfelsen des Dachsteins. Eine „paradiesische Landschaft, die der Herrgott in Geberlaune geschaffen hat". So brachte es der Ausnahmebergsteiger und Schriftsteller Kurt Maix in seinem Buch „Im Banne der Dachstein-Südwand" auf den Punkt. Er war ein begeisterter Kletterer und feinsinniger Beobachter. Sein Werk, eine Liebeserklärung an den steirischen Bergriesen und die Bewohner am Fuße der wilden Wand, ist längst vergriffen. Der Zauber dieser einzigartigen Landschaft ist aber bis heute ungebrochen. Das markante Antlitz der breiten Wandflucht ist das formvollendete Markenzeichen der Region. Mit knapp 3000 Metern gehört der Dachstein zwar nicht zu den höchsten, aber gewiss zu den schönsten Bergen Österreichs. Die Walcheralm ist von der Steirischen Ramsau über die gut ausgebaute, 4 km lange Dachstein-Mautstraße erreichbar. Schon die Fahrt ins Almgebiet ist ein Erlebnis. Immer wieder eröffnen sich atemberaubende Blicke zu den mächtigen Südwänden des Dachsteins. Eine Tafel an der Straße, nahe der unbewirtschafteten Neustattalm, weist den Weg zur Käserei. Umrahmt von der herrlichen Kulisse des Dachsteins ist ihre Lage nahezu einzigartig. Im Sommer wird Vieh aufgetrieben und die Milch in der angebauten Käserei verarbeitet. Die Almprodukte, vor allem der ausgezeichnete Käse, sind begehrt und stehen bei den zahlreichen Gästen hoch im Kurs.

Auf der Walcheralm am Fuße der Dachsteinsüdwände gibt es jedes Jahr im September einen prachtvollen Almabtrieb.

Tirol

Almen im Venter Nieder- und Rofental: siehe Kapitel *„Mit den Schafen übers Joch: Sommerfrische im Ötztal"*. Man kann hier den Wegen der Schafe folgen und dabei die Spuren der frühen Hirtenkultur entdecken. Einkehr bei den Rofenhöfen (ab Vent 40 Minuten, Tel. +43 / (0) 5254 – 81 03) oder auf der Martin-Busch-Hütte (ab Vent 2¾ Stunden, Tel. +43 / (0) 52 54 – 81 30).

Älpele: Die traumhafte Kulisse entschädigt für den zum Teil steilen Anstieg. Sehr beliebt sind hier die Almfeste. Von Tannheim/Kienzen Gehzeit 1½ Stunden. Tel. +43 / (0) 676 – 780 48 88

Edenbachalpe: Die urige Gaststube begeistert ebenso wie die Brettljause und der hausgemachte Kuchen. Ab Parkplatz am Westende des Haldensees in 1 Stunde zu erreichen. Tel. +43 / (0) 664 – 914 35 77

Filzenalm: Hier sollte man unbedingt den vorzüglichen Graukas und den Bergtilsiter probieren, den Mutter und Tochter Steinhauser produzieren, zusammen mit Butter und Buttermilch. Die Wanderung zur urigen Almhütte, die man von der Bergstation der Mayrhofener Ahornbahn in nur 20 Minuten erreicht, ist ideal für Familien mit kleinen Kindern. Tel. +43 / (0) 664 – 500 34 77

Gallruthalm: Der Weg zur Almhütte, die vor einigen Jahren neu aufgebaut wurde, ist ein Abenteuer: Von Kaunerberg folgt man dem Kaunerberger Wasserweg und erreicht die Alm nach einer Passage durch einen Stollen. Taschenlampen nicht vergessen! Gehzeit: 3–3½ Stunden. Ab Kaltenbrunn-Wiesenhof 2–2½ Stunden. Tel. +43 / (0) 650 – 270 80 82

Haiminger Alm: Idylle pur, eine Hütte wie aus dem Bilderbuch. Immer noch ein Geheimtipp. Der richtige Platz, um sich vor dem Aufstieg auf den Tschirgant – die Etappe 31 auf dem Tiroler Adlerweg – oder auf den Simmering zu stärken. Von Haiming aus über den Ortsteil Magerbach in 3½ Stunden zu erreichen, ab Obsteig 3½–4 Stunden. Tel. +43 / (0) 676 – 940 81 21

Hirzeggalm: eine der urigsten Almen im Unterland. Der Traumblick auf den Wilden Kaiser und die selbstgemachten Speckknödel belohnen für den Anstieg. Ab Aschau im Spertental, Parkplatz Oberer Grund 1½ Stunden. Tel. +43 / (0) 664 – 496 21 90

Hundalm: Unter den Almwiesen versteckt sich eine prächtige Eis- und Tropfsteinhöhle, die von Mitte Mai bis Ende September im Rahmen von Führungen zugänglich ist. Warme Kleidung nicht vergessen! Ab Angerberg – Radinger Schottergrube ist die Höhle in 2 Stunden zu erreichen, im Almgasthof Buchacker kann man einkehren. Informationen zu den Führungen: Renate Tobitsch +43 / (0) 664 – 155 14 25 oder Helmut Feldkircher +43 / (0) 664 – 253 61 38.

Jamtal-Almen: In einem der schönsten Hochtäler Tirols liegen die Menta-Alm (Gehzeit 40 Minuten ab Galtür) und die Scheibenalm (Gehzeit 1½ Stunden). Der Blick auf den Jamtalgletscher macht den Weg besonders reizvoll. Tel. Menta-Alm +43 / (0) 664 – 465 76 45, Tel. Scheibenalm +43 / (0) 664 – 924 45 08

Juns-Alm – Stoankasern: Das Almdorf mit der Sennerei ist ein Paradies für alle Käseliebhaber. Der Weg startet am Parkplatz Alte Mühle an der Straße nach Hintertux, passiert etliche Wasserfälle und bietet prächtige Ausblicke auf die Tuxer Gletscher und den Olperer. Gehzeit 2 Stunden, Zufahrt auch im Alm-Taxi möglich. Tel. +43 / (0) 52 87 – 87 5 23

Klausbodenalm: Etwas oberhalb der Gufferthütte kann man ein historisches Kleinod bestaunen. In einer Halbhöhle unterhalb des Schneidjochs hat man Spruchbänder entdeckt, die zwischen dem 5. und dem 1. Jahrhundert in etruskischen Lettern in den Stein geritzt wurden. Ein magischer Ort, der bis heute Rätsel aufgibt. Man erreicht den Platz nach Wanderung, die 2–2½ Stunden dauert und am Köglbogen zwischen Achenkirch und Steinberg beginnt. Tel. Gufferthütte +43 / (0) 676 – 629 24 04

Lenzenalm: Die Tiere sind inzwischen abgezogen, doch die Jausenstation gehört immer noch zu den schönsten Flecken im hinteren Ötztal: mit Traumblick auf die Berge und Gletscher rund um das Bergsteigerdorf Obergurgl. Ab Sahnestüberl auf der Straße zwischen Zwieselstein und Untergurgl, in ca. 45 Minuten zu erreichen, ab Untergurgl Ortsteil Pill ca. 30–40 Minuten. Tel. +43 / (0) 664 – 450 28 61

Naviser Almrunde: Wer gut zu Fuß ist, kann sich die Naviser Almrunde vornehmen und dabei die Peeralm, die Klammalm, die Poltenalm und die Stöcklalm besuchen. Startpunkt am Ende des Navistales, Parkplatz Klammbach. Für die Runde muss man mit 3½–4 Stunden rechnen. Tel. Peeralm +43 / (0) 52 78 – 62 82, Tel. Klammalm +43 / (0) 664 – 161 70 77, Tel. Stöcklalm +43 / (0) 664 – 890 76 46

Pebellalm und Islitzer Alm: Die beiden Almgasthäuser, die nicht weit voneinander entfernt liegen, sind ein gutes Ziel für Familien mit Kindern. Hier beginnt der Wasser Schaupfad Umballfälle. Von Ströden im hintersten Virgental in 30 Minuten zu erreichen. Tel. Pebellalm +43 / (0) 664 – 511 03 36, Tel. Islitzer Alm +43 / (0) 664 – 975 97 90

Schliederler Alm: Hier und auf der nahegelegenen Ruprechter Alm sind Filmfreunde richtig. Die Almen waren Drehorte für „Heidi" von Michael Rhodes (1993) und „Stille" von Franz Xaver Schwarzenberger (2012). Die Hütten sind nur von außen zu besichtigen. Ab Parkplatz Lucknerhaus bei Kals in 15 Minuten zu erreichen. Kein Telefon!

Stablalm: Der Balkon des Lechtals, wie man den Aussichtsplatz nennt. Von hier aus hat man einen traumhaften Blick auf die Allgäuer und Lechtaler Alpen. Ab Elmen in 1 Stunde auf einem steilen Steig zu erreichen oder in 1½ Stunden auf einem Wirtschaftsweg. Tel. +43 / (0) 676 – 722 20 22

Stamser Alm *(siehe Foto Seite 168/169):* Die kunsthistorisch wohl einmaligste Alm Österreichs. Über der Waldgrenze taucht unvermutet eine prächtig freskierte Kapelle im Stil des Rokoko aus dem Grün und Grau der Berglandschaft. Direkt daneben liegt das Konventhaus: die Sommerfrische der Mönche von Stift Stams, erbaut 1744, um den Patres „die Gelegenheit zu einer manchmal notwendigen Abspannung zu verschaffen". Ab Stams Gehzeit ca. 2½–3 Stunden. Tel. +43 / (0) 664 – 152 97 64

Tillfußalm: Direkt neben der Almhütte liegt das Jagdhaus Hubertus, in dem der Heimatdichter Ludwig Ganghofer viele Wochen und Monate verbracht und auch seinen berühmten Roman „Das Schweigen im Walde" verfasst hat. Der Ganghoferweg, der das romantische Gaistal durchquert und dabei auch die Tillfußalm passiert, ist nicht nur für Literaturfreunde ein Anziehungspunkt. Ab Parkplatz Salzbach in der Leutasch ist die Tillfußalm in ca. 1¼ Stunden zu erreichen. Tel. +43 / (0) 664 – 551 63 44

Trojer Almen: Das Trojer Almtal ist ein altes Bergbaugebiet, etliche Almen werden von Bauern aus dem Südtiroler Pustertal betrieben. Von der Jausenstation Trojeralm (von St. Jakob in Defereggen und dem Parkplatz beim Berggasthof Trojen in 1–1¼ Stunden zu erreichen) kann man noch zum früheren Knappendorf Blindis aufsteigen (1 Stunde Gehzeit). Tel. Jausenstation Trojeralm +43 / (0) 664 – 121 49 32.

Seite 168/169: Die Stamser Alm

Jagdhausalm

Steinernes Dorf auf über 2000 Meter Seehöhe

Das tibetische Dorf, so nennt man die Jagdhausalm im Nationalpark Hohe Tauern. Die fünfzehn Steinhäuser am Ende des Osttiroler Defereggentales gehören zu den ältesten Almen Österreichs und gelten zusammen mit der Kapelle als kunsthistorische Besonderheit. Sie werden immer noch von Südtiroler Bauern bewirtschaftet. Vom Parkplatz Oberhausalm aus sind sie in einer zweistündigen Wanderung ohne größere Anstiege zu erreichen. Tel. +39 / (0) 340 – 150 11 25

Die Geschichte der Jagdhausalm führt weit zurück: Fundstücke aus dem 7. Jahrhundert v. Chr. belegen, dass das nahegelegene Klammljoch schon in der Steinzeit als Übergang benutzt wurde, als die Menschen nach neuen Jagdgründen und Weideplätzen suchten und hier ihr Sommerlager aufschlugen. In einer Urkunde aus dem Jahr 1212 wurden erstmals sechs Schwaighöfe, wie die Hütten früher hießen, erwähnt. Zu jener Zeit war der Ort noch ganzjährig besiedelt. Doch die schwierigen klimatischen Verhältnisse – die Jagdhausalm liegt auf über 2000 Meter Höhe – führten im Spätmittelalter dazu, dass die Familien ins Tal zogen und die Wiesen nur mehr als Alm nutzten.

Die Weiderechte liegen bis heute in den Händen von Südtiroler Bauern, die hier die größten Grundbesitzer sind. Die Staatsgrenzen haben für sie nie wirklich gegolten: Es war ihnen immer schon erlaubt, das Klammljoch, wo Österreich und Italien aufeinandertreffen, ungehindert zu passieren, auch mit Traktoren und Anhängern. Mitte Juni bringen sie ihre Rinder vom Südtiroler Reintal auf die Osttiroler Almböden, die bis in eine Höhe von 2400 Meter Höhe hinaufreichen.

Wald sucht man in diesen Lagen vergebens. Und da weit und breit kein Bauholz zu finden war, wurden die Häuser dereinst aus Steinen errichtet. So auch die Maria-Hilf-Kapelle, in der man neben Maria auch noch die Viehheiligen Silvester und Nikolaus verehrt. Man müsse auch auf der Jagdhausalm für Zucht und Ordnung sorgen, so lautete das Credo des Dekans von Sand in Taufers, der dafür sorgte, dass hier einmal wöchentlich eine Messe gelesen wurde. Heute gelten Gotteshaus und Hütten als kunsthistorische Besonderheit und stehen unter Denkmalschutz.

Doch damit nicht genug: Oberhalb des Almdorfes versteckt sich hinter einem Moränenwall ein kleiner, kreisrunder See, der von Hochlandschilf gesäumt ist. Das Pfauenauge, wie das Gewässer heißt, und die Hütten der Jagdhausalm gelten vielen als Weltwunder. Dem stimmt man gerne zu.

Vorarlberg

Almen im Lecknertal: Hittisau mit seinen 60 Almen gilt als eine der almreichsten Gemeinden Österreichs. Die Wanderung durchs Lecknertal, wo man einige von ihnen bestaunen und sich beim idyllischen See niederlassen kann, gehört zu den idyllischsten Touren dieser Art. Die Alpe Glockenplatte ist weithin bekannt für den guten Käse. Ab Parkplatz Lecknertal ist sie in 1½ Stunden zu erreichen, Tel. +43 / (0) 664 – 555 96 81

Alpe Buchen: Weithin bekannt für das sonntägliche Älplerfrühstück und die gute lokale Küche. Der Ziegenkäse ist hier besonders zu empfehlen. Gehzeit ab Mellau 1½ Stunden, Tel. +43 / (0) 664 – 313 06 58

Alpe Gamperdona: In der Almlandschaft des Gamperdona-Tals und des Nenzinger Himmels liegt eine der größten Kuhalpen Vorarlbergs. Entsprechend bekannt ist der Käse, der von hier stammt. Im Alpengasthof Gamperdona kommt er in vielerlei Variationen auf den Tisch. Der Nenzinger Himmel ist von Nenzing aus in 4 Stunden zu erreichen. Mit dem Wanderbus geht es schneller. Tel. +43 / (0) 55 25 – 64 6 06.

Alpe Innerkapell: In der Käserei lässt sich der berühmte Montafoner Sura Kees kennenlernen, ein Sauermilchkäse ähnlich dem Tiroler Graukäse. Von der Bergstation der Schrunser Hochjochbahn wandert man in 1¼ Stunden bis zur Alm. Tel. +43 / (0) 650 – 779 90 12

Alpe Laguz: Das idyllische Hüttendorf erreicht man mit dem Wanderbus, der in Marul startet. Oder aber man steigt von Marul in 2½ Stunden in die Höhe. Tel. +43 / (0) 664 – 387 17 37

Alpe Kanis: Auf einem Hochplateau vor beeindruckender Bergkulisse. Kinder freuen sich über den Wasserspielplatz. Von der Bergstation der Mellau-Bahn ist sie in 45 Minuten zu erreichen. Tel. +43 / (0) 664 – 462 91 58

Alpe Melköde: Unterhalb eines Wasserfalls gelegen, eröffnet die Alm einen herrlichen Blick auf den Hohen Ifen. Gehzeit ab Auenhütte 1 Stunde. Tel. +43 / (0) 55 17 – 30 2 26

Alpe Nenzigast: ein Ausflug für Groß und Klein. Die Alm, wo man eine gute Brotzeit mit bäuerlichen Produkten serviert bekommt und regelmäßig in das Wissen um Almkräuter eingeführt wird, ist von Klösterle aus in 1½ Stunden zu erreichen. Tel. +43 / (0) 664 – 504 76 97

Alpe Obere Wasserstube: Von hier aus hat man die imposante Felskulisse der westlichen Verwallgruppe im Blick. Von Silbertal in 2¾ Stunden zu erreichen. Tel. +43 / (0) 664 – 440 94 60

Alpe Steris: Hier lädt Andrea Schwarzmann jeden Mittwoch zum Älplerfrühstück und bringt alles auf den Tisch, was die Region an Köstlichkeiten zu bieten hat. Die Alm ist von Marul aus in 2 Stunden zu erreichen, es fährt auch ein Almbus. Anmeldung fürs Frühstück unter Tel. +43 / (0) 644 – 472 40 12

Alpe Valisera: Hier kann man die Bergeinsamkeit genießen und sich vollends von der Welt abgeschieden fühlen. Von Gargellen in 1½ Stunden zu erreichen. Kein Telefon!

Alpe Vergalden: berühmt für die besonders artenreiche Flora. Beliebt bei Familien, weil der Weg auch mit Kinderwagen begehbar ist. Von Gargellen 1 Stunde Gehzeit. Tel. +43 / (0) 664 – 533 25 54

Alpgang Bregenzerwald: Ab Au und dort von der Kirche in Rehmen geht es in größerer Runde (6 Stunden) über verschiedene Stationen der nomadischen Weidewirtschaft vom Tal hinauf aufs Berggut, zur Vorsäß und weiter zur Alpe Sattelegg, wo man Bergkäse und Sennsuppe verkosten kann. Tel. +43 / (0) 55 15 – 29 20

Obere und Untere Falzalpe: Bei einem Alm-Rundwanderweg, der in Amagmach bei Egg startet und endet und zwei Stunden dauert, kann man auf beiden Almen die Sennerei besichtigen und sich durch die lokalen Produkte kosten. Es gibt dort Berg- und Ziegenkäse, Joghurt und Sig (auch Sieg und Gsig genannt), die Wälder Schokolade, wie sie auch heißt: Molke wird über Stunden gekocht und reduziert, bis zusammen mit Butter und Rahm eine zähflüssige Karamell-Masse entsteht. Tel. Obere Falzalpe +43 / (0) 664 – 374 47 94.

Stutzalpe: Eine Alm wie anno dazumal. Das Innere der Hütte mit seinen Bauernmöbeln und alten Gerätschaften gleicht einem Heimatmuseum. Von Mittelberg im Kleinen Walsertal in 45 Minuten zu erreichen. Tel. +43 / (0) 664 – 338 16 54

Vorsäß Schönenbach: Wie der Name schon sagt: eine der schönsten Vor- oder Maiensäßen des Bregenzerwaldes. Hier weiden die Tiere von Ende Mai bis Anfang Juli und von Mitte September bis Mitte Oktober. Das kleine Dorf ist über eine Mautstraße ab Bizau zu erreichen. Tel. Jagdgasthaus Egender +43 / (0) 664 – 244 04 47

Wurzach-Alpe: Die mit Schindeln gedeckte Almhütte strahlt behäbige Gastlichkeit aus. Bergkäse, Bachensteiner und Ziegenkäse schmecken hier besonders gut. Gehzeit von der Bergstation der Mellau-Bahn 1½ Stunden. Tel. +43 / (0) 664 – 393 85 82

Alpe Klesenza

Würziger Käse und geheimnisvolle Kräuter

Das herrliche Almdorf, das sich im Schatten mächtiger Gipfel und Felsen ins Grün der Weiden schmiegt, ist nicht nur für Freundinnen und Freunde alpiner Pflanzen ein Paradies – nachzulesen im Kapitel über „Susanne Türtscher und die Geheimnisse der Kräuter". Die Alm ist ein geheimnisvoller Ort, der die Phantasien zum Schwingen bringt. Es gibt dort gleich mehrere Möglichkeiten zum Einkehren, Unterkünfte bietet u. a. Familie Dünser an, Tel. +43 / (0) 664 – 914 76 94

Die Sage will es ganz genau wissen: Man muss einen Kupferkessel nehmen, ihn gut unter einer Erdschicht vergraben und dann geduldig warten. Bis schließlich hundert Jahre verstrichen sind: Dann wird sich der Kessel in pures Gold verwandelt haben. Und an der Stelle, wo dies geschehen ist, werden gelbe Blumen blühen. Auch auf der Alpe Klesenza im Großen Walsertal soll dies schon passiert sein. Die Wunderblumen wiesen den Menschen den Weg zum Schatz. Doch gefunden hat ihn bisher noch niemand. Denn als man zu graben begann, blockierte ein Felssturz den Zugang zum güldenen Glück. War man zu gierig, war die Zeit noch nicht reif für ein Geschenk wie dieses? Das kostbare goldene Gefäß jedenfalls harrt noch seiner Entdeckung, tief unter dem Gestein.

Die Alpe Klesenza, die sich unter der eindrucksvollen Roten Wand in eine Mulde duckt, ist ein fast schon magischer Landstrich geblieben. Das weiß auch Susanne Türtscher, die hier regelmäßig ihre Kräuterwanderungen und -seminare abhält. Ein Ort der Weisheit und Kraft, an dem man gerne länger verweilt. Von Buchboden aus ist er auf einem Güterweg, den auch Mountainbiker gerne benutzen, in 2½ Stunden zu erreichen. Mit dem Wanderbus, der in den Sommermonaten täglich fährt, geht es schneller: ideal für Familien. Wer seine Kinder etwas länger in die Almfreiheit entlassen will, ist hier oben bestens aufgehoben. In den Almhütten werden Übernachtungsmöglichkeiten angeboten, die Sennerei bringt einen schmackhaften und vielfältig prämierten Alpkäse auf den Teller.

Und wer von der Alpe Klesenza noch weiterwandert bis zum Hüttendorf Alpe Laguz (Gehzeit ca. 1½ Stunden), kann sein blaues Wunder erleben: Am Fuß der Roten Wand lebt die „Alpmueter", wie die Sage weiß. Sie ist eines jener unheimlichen Wesen, denen man nur begegnet, wenn Mensch und Tier ins Tal gezogen sind und die Almen verlassen zurückbleiben. Und wer weiß? Wer genau hinsieht und einmal kurz blinzelt, wird die Alpmueter vorbeihuschen sehen. Traum oder Wirklichkeit?

Alpe Oberüberluth

Zünftige Brettljause und traumhafte Kulisse

Vorarlberg und der Käse: Das gehört zusammen. Und das weiß man auch auf der Alpe Oberüberluth, wo die Familien Martin und Nigsch mit ihren Tieren den Sommer verbringen. In der Sennerei lagern ihre Schätze, die sich vor Ort aufs schönste verkosten lassen. Die Alpe liegt im Großen Walsertal und ist von Buchboden aus in einer gut zweistündigen Wanderung zu erreichen. Auch für Mountainbiker ist die Alm ein lohnendes Ziel. (Tel. Günter Nigsch +43 / 664 – 531 91 91)

Wer den Anstieg, der auch für größere Kinder zu schaffen ist, scheut oder es bequemer haben will, der reist jeweils am Dienstag mit dem Wanderbus aus Buchboden an und startet von hier aus zu Touren auf die Biberacher Hütte oder zum Töbele. Wohin auch immer es einen zieht: Die Einkehr in der Alpe Oberüberluth sollte man sich nicht entgehen lassen. Günther und Frank Nigsch produzieren einen besonders aromatischen Alpkäse, in dem der Geschmack von Thymian, Rosmarin und einer ganzen Reihe anderer Almkräuter steckt. Zusammen mit Schafwürsten und dem Speck der Alpschweine, die hier oben grasen, landet er auf der Brettljause, die man vor einer prächtigen Kulisse genießt.

Fünfundvierzig Kühe und vierzig Kälber grasen auf den Almweiden von Oberüberluth, dazu kommen dreißig Schweine und etliche Hühner: viel zu tun für die beiden Familien. Auch für Andrea Martin, die Ehefrau von Frank, werden die Tage oft sehr lang. Andrea, deren vier Kinder mit auf der Alm sind, hat sich den Alchemilla-Kräuterfrauen des Großen Walsertales angeschlossen. Als gelernte Krankenschwester sind ihr die Schätze der Natur und die Heilkraft der Kräuter schon länger vertraut. In ihrer Kindheit hat sie die Ferien auf der Alpe Laguz verbracht und dort Arnika kennengelernt, ein bekanntes Schmerzmittel aus der Volksmedizin, die ihr besonders am Herzen liegt. Die Pflanze, die auch rund um die Alpe Oberüberluth wächst, steht unter Naturschutz. Besonders die Wurzeln sollte man keinesfalls ausgraben. Also sammelt Andrea nur die äußersten Kronblättchen, um die Versamung nicht aufzuhalten. Aus ihnen stellt sie ein Arnikagel her, das sie auf der Alm verkauft. Es wirkt bei Gelenkschmerzen, Schwellungen und Arthritis.

Neben der Hütte hat Andrea Martin auch noch einen kleinen Kräutergarten angelegt. Schnittlauch, Majoran, Kapuzinerkresse oder Rosmarin, die sie hier zieht, landen in ihrem Frischkäse: auf frischem Brot genossen eine kleine Delikatesse!

Seite 180/181: Hier kann man an schönen Tagen die Gipfel zählen: traumhaftes Panorama auf der Alpe Oberüberluth

Bibliografie

Friedl Inge, Almleben – so wie's früher war, styria regional, Verlagsgruppe Styria, Wien, Graz, Klagenfurt, 2013

Grün Anselm, Türtscher Susanne, Die Heilkraft der Natur – Kräuter, Mythen und Rituale im Jahreskreis, Vier-Türme-Verlag, Münsterschwarzach, 2010

Haid Hans, Das Schaf – Eine Kulturgeschichte, Böhlau Verlag, Wien, 2010

Haid Hans, Wege der Schafe – Die jahrtausendealte Hirtenkultur zwischen Südtirol und dem Ötztal, Tyrolia-Verlag/Verlagsanstalt Athesia, Innsbruck, Wien, Bozen, 2008

Hell Bodo, Pendel- und Wanderbewegungen zwischen Alm und Großstadt, in: StadtundLand [sic] – Zwei Lebenswelten und ihre Bewohner, Böhlau Verlag, Wien, Köln, Weimar, 2009

Hell Bodo, 666, Erzählungen, Verlag Droschl, 1987

Hölzl Reinhard, Lechner Eva, Tiroler Almen, Loewenzahn im Studienverlag, Innsbruck, 2008

Jäger Georg, Fernerluft und Kaaswasser – Hartes Leben auf den Tiroler Almen, Universitätsverlag Wagner, Innsbruck, 2011

Lechner Eva, Das Buch von den Schafen in Tirol, Loewenzahn im Studienverlag, Innsbruck, 2002

Lipp Eva Maria, Schiefer Eva, Almkochbuch, Österreichischer Agrarverlag, Leopoldsdorf bei Wien, 2005

Mandl Franz, Wege in die Vergangenheit rund um den Dachstein, Verlagsanstalt Tyrolia, Innsbruck, 2009

Mayerhofer Rudolf, Alpwandern in Vorarlberg, Loewenzahn im Studienverlag, Innsbruck, 2008

Petzoldt Leander, Einführung in die Sagenforschung, UVK Verlagsanstalt, Konstanz, 1999

Petzoldt Leander (Hrsg.), Sagen aus Kärnten, Eugen Diederichs Verlag, München, 1993

Petzoldt Leander (Hrsg.), Sagen aus der Steiermark, Eugen Diederichs Verlag, München, 1993

Petzoldt Leander (Hrsg.), Sagen aus Tirol, Eugen Diederichs Verlag, München, 1992

Petzoldt Leander (Hrsg.), Sagen aus Vorarlberg, Eugen Diederichs Verlag, München, 1994

Pilz Ingrid, Wanderführer Kärnten, Carinthia Verlag, Wien, Graz, Klagenfurt, 2011

Senft Hilde und Willi, Die schönsten Almen Österreichs, Leopold Stocker Verlag, Graz, 2009

Steiner Gertraud, Salzburger Land – Sagen und Mythen entdecken auf Salzburger Almen, Verlagsanstalt Tyrolia, Innsbruck, 2005

Wittmann Helmut, Kirchmayr Jakob, Sagen aus Oberösterreich, Verlagsanstalt Tyrolia, Innsbruck, 2008

Wittmann Helmut, Kirchmayr Jakob, Salzburger Sagen, Verlagsanstalt Tyrolia, Innsbruck, 2009

Zucchelli Christine, Wege in die Vergangenheit in Tirol, Verlagsanstalt Tyrolia, Innsbruck, 2014

Die Deutsche Nationalbibliothek vereichnet diese Publikation in der Deutschen Nationalbibliografie; detaillierte bibliografische Daten sind im Internet über http://dnb.d-nb.de abrufbar.

2015

Umschlaggestaltung: Tyrolia-Verlag unter Verwendung eines Bildes von Herbert Raffalt
Layout und digitale Gestaltung: GrafikStudio HM, Hall in Tirol
Lithografie: Artilitho, Trento (I)
Druck und Bindung: Theiss, St. Stefan
ISBN: 978-3-7022-3492-8
E-Mail: buchverlag@tyrolia.at
Internet: www.tyrolia-vcrlag.at